奎文萃珍

二百四十孝圖

〔清〕胡文炳 輯

文物出版社

圖書在版編目（CIP）數據

二百四十孝圖 / (清) 胡文炳輯. -- 北京 : 文物出版社, 2023.1
（奎文萃珍 / 鄧占平主編）
ISBN 978-7-5010-7471-6

Ⅰ. ①二… Ⅱ. ①胡… Ⅲ. ①孝－文化－中國－古代 Ⅳ. ①B823.1

中國版本圖書館CIP數據核字(2022)第049765號

奎文萃珍
二百四十孝圖 〔清〕胡文炳 輯

主　　編：鄧占平
策　　劃：尚論聰　楊麗麗
責任編輯：李子裔
責任印製：蘇　林

出版發行：文物出版社
社　　址：北京市東城區東直門内北小街2號樓
郵　　編：100007
網　　址：http://www.wenwu.com
經　　銷：新華書店
印　　刷：藝堂印刷（天津）有限公司
開　　本：710mm × 1000mm　1/16
印　　張：31.75
版　　次：2023年1月第1版
印　　次：2023年1月第1次印刷
書　　號：ISBN 978-7-5010-7471-6
定　　價：180.00圓

序言

《二百四十孝圖》，亦作《二百卌孝圖》，四卷，清胡文炳輯，謝仁澍書。清光緒五年（一八七九）蘭石齋刻本。

胡文炳（生卒不詳），字虎臣，甘肅金塔縣人。清道光二十九年（一八四九）拔貢、舉人。曾任湖南湘鄉縣知縣、湖南會同縣知縣，有政聲，爲人耿直，辦事公正，頗有政績，但因不阿權貴而遭罷官。胡文炳學識淵博，曾任陝西關中書院書長，長年在金塔、酒泉、玉門等縣書院講學。編著有《折獄高抬貴手補》《史學聯珠》《讀史碎金》《春秋類賦》《二百四十孝圖》《楚南鴻爪》《韻字同异辯》《幼幼集》《最最言》等。

古語云『百行孝爲先』，可見『孝』在中國文化中的地位。『孝』也是中華民族的傳統美德，『孝』作爲一種文化體系，一種社會意識形態，也隨着社會的變遷而發展。爲了宣揚孝道，漢代有《孝子傳》，宋代有所謂『二十四孝』，此後，有關『孝道』的書、圖、詩很多，如清《二十四孝詩注》《百孝圖》《二百四十孝圖》等。各書中的孝行故事，内容不盡相同，胡文炳在編輯此書的序言中寫道：『坊間所刻《二十四孝》，善矣。然其中郭巨埋兒一事，揆之天理人情，殊不可以訓……竊不自量妄爲編輯，凡矯枉過正而刻意求名者，概從割愛，惟擇其事之不詭于正，而人人可爲者，類爲六門。』一《二百四十孝圖》是在《二十四孝》的基礎上擴充編輯而成，將矯枉過正而刻意求名者，如郭巨埋兒、割股剖肝、一死殉節、廬墓改毀等删除，這在當時是很有勇氣的。魯迅在《朝花夕拾·後記》中寫道：『因我想找幾張插圖，常維君先生給我在北京搜集了許多資料，有幾種那個是我未曾見過的，如光緒己卯年肅州胡文炳作的《二百卌孝圖》中，我所反對的郭巨埋兒，他于我未出世的前幾年，已經删去。持這種意見，恐怕是懷抱者不乏其人，而且是由來已久，不過是大抵不敢删改，筆之于書。』因而，魯迅盛贊道：『這位肅州胡老先生的勇決，委實令我佩服了。』

全書分四卷六類，即：養生、侍疾、奉終、報讎、救患、尋訪，叙之以文，咏之以詩，繪之以圖，把孝的觀念具體化、有形化、通俗化，旨在用訓童蒙。本書圖文并茂，圖畫精工，文字簡潔，是一部宣揚孝道的通俗讀物。

本次影印以北京師範大學圖書館藏清光緒五年蘭石齋刻本影印。

程仁桃

二〇二二年七月

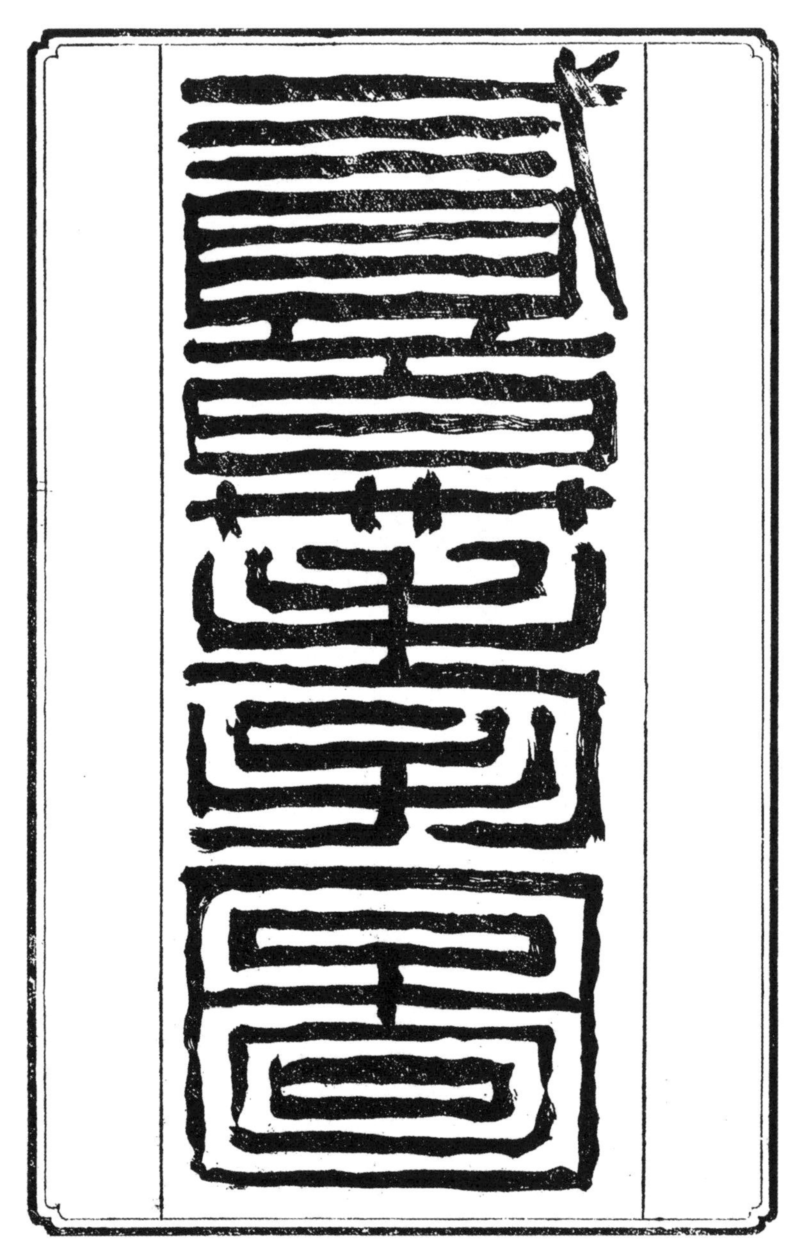

二百卌孝圖序 卌讀如習

論語以孝弟為為仁之本孟子稱堯舜之道孝弟而已孝弟之當務也夫人而知之矣顧聖人之言如太和元氣舉凡大孝中孝小孝自天子以至於庶人無不涵蓋於其中而初學讀之究不得其致力之處是必舉前人之可法者以為之的庶幾有所持循焉耳坊間所刻二十四孝善矣然其中郭巨埋兒一事揆之天理人情殊不可以訓近有為孝弟圖說者復取鄧攸棄子存姪事夫攸之棄子也慮其累於負擔也史稱其子朝棄而暮及則亦略能自達而不大為累矣聽其追逐或亦可全乃繫子於樹而去是誠何心豈非矯激過甚必欲成其存姪之名哉炳

竊不自量妄為編輯凡矯枉過正而刻意求名者概從割愛惟擇其事之不詭於正而人人可為者類為六門曰養生曰侍疾曰奉終曰救患曰尋訪曰報讐俾人子依類求之隨遇而得所從事焉蓋孝弟之事萬緒千條非可以更僕數而必以養生為首務至於有疾則醫藥祓禱皆人子所得為而或乃割股以療之如唐之王友貞等宋之劉孝忠等元之胡伴侶等明之夏子孝等雖有時而收效亦有時而傷生不幸而居憂雖以哀戚為主然毀不滅性聖人之教而或乃亡身以殉之漢則有張武等六朝則有杜栖謝藺等隋則有羣濬等唐則有呂方穀等宋則有毛洵等明則有呂嗣簡等雖其至性可嘉然究無益於父母

而轉足傷父母之心是皆可傳而不可繼誠無取乎其死也若夫倉猝之頃或在水火或遇虎狼或逢兵戈賊盜生死呼吸之間則人子必當挺身以救之而不可自惜其性命其或亂離之後凶荒之餘奔走他鄉存亡莫保顛沛流離之際則人子必當亡命以求之而不得自顧其身家甚者變出非常為人所害則不共戴天人子雖絕脰陷胸豈敢有愛亦略舉其事之難能者數端以見不為勢力所奪而大義有所必伸焉凡此各類事蹟甚多不能備錄姑廣二十四孝之數至於十倍以為之限因倣其例每事附以斷句令兒童便於記誦雖詅癡弗恤也編既竟擬名孝友分類圖或曰如此則村塾將不知其何謂不若名曰

二百卌孝較醒世俗耳目也其言良是因以命之

光緒己卯陽月肅州胡文炳

二百卅孝圖目錄

卷一

養生

不畏癘疫　慟母目明　專意養兄
代質迎兄　焦飯供母　力辭王姬
得米易粟　不先嘗李　事兄如父
比迹茅容　持藥指爛　孝友天至
濟母置兒　孝魚泉　扶持老兄
事兄恭順　侍宴取餌　結網捕魚
辭官歸養　射牛不問　出妻合爨
夢母得訊　乞食供親　祈兄救叔
代兄自杖　誓養祖母　遭讒不辨
貶恐驚親　馳赴兄難　善事庶母

卷二

養生

賜雞遺母　贖回母兄　八世同炊
地震屋全　析居復合　歌舞悅親
拜虎岡　誥命貤親　母依為命
迎養繼母　誦史安父

侍疾

侍疾消瘠　為親吮膿　執藥眇目
執勞兢業　嘗蝦蟆膾　伏户問安
老翁示笋　沙門遺瓜　不食檳榔
訪丁公藤　孝友兼隆　隨鹿得葠
先試針灸　得紫石英　哀禱愈疾

卷三

奉終

卷四

救患

尋訪

卧冰自誓　外國歸養　三赴雲南

拖鞍求墓　山寺遇父　半錢尋母

萬里尋兄

二百卌孝圖卷一

肅州胡文炳虎臣輯　　安康謝仁澍韻梧書

養生

五道備養　　呂氏春秋

曾子曰養有五道修宮室安牀笫節飲食養體之道也樹五色施五采列文章養目之道也正六律和五聲雜八音養耳之道也熟五穀烹六畜和煎調養口之道也和顏色悅言語進退養志之道也此五者代進而厚用之可謂善養矣

大孝彌天地　端由日用充

養身兼養志　竭力各宜豐

親滌廁牏　　漢書

石奮趙人也孝文時官至太中大夫孝景即位以奮爲諸侯相奮長子建次甲次乙次慶皆以馴行孝謹官至二千石時號奮爲萬石君竇太后以爲儒者文多質少今萬石君不言而躬行乃以石奮長子建爲郎中令少子慶爲內史建老白首萬石君尚無恙建每五日洗沐歸謁親入子舍竊問侍者取親中裙廁牏身自浣滌復與侍者不敢令萬石君知以爲常（牏音豆又音投褻器也）

就養本無方　事豈須僮僕

滌裙更滌牏　佑啟黃山谷

二百卅孝圖
卷一

求食遇賊　　漢書

劉平字公子楚郡彭城人王莽時為郡吏守菑邱長政教大行更始時天下亂平扶侍其母俱匿野澤中平朝出求食逢餓賊將烹之平叩頭曰今旦為老母求菜老母待平為命願得先歸食母畢還就死因涕泣賊哀而遣之平還既食母訖因白曰屬與賊期義不可欺遂還詣賊衆皆大驚相謂曰嘗聞烈士乃今見之子去矣吾不忍食子於是得全

奉母逃荒澤　尋蔬反遇兵
放還仍詣賊　那得不相驚

二百卌孝圖
卷一

屈已從親　　漢書

崔篆涿郡安平人王莽時舉為步兵校尉篆辭曰吾聞伐國不問仁人戰陣不訪儒士此舉奚為至哉遂投劾歸莽嫌諸不附已者多以法中傷之時篆兄發以佞巧幸於莽位至大司空母師氏能通經學百家之言莽寵以殊禮賜號義成夫人後以篆為建新大尹篆乃歎曰吾生无妄之世值澆羿之君上有老母下有兄弟安得獨潔已而危所生哉乃遂單車到官稱疾不視事

道污則從污　　何容獨潔已

離母更辟兄　　怪他陳仲子

二百卅孝圖
卷

為傭悟兄　　漢書

鄭均字仲虞東平任城人也好黄老書兄為縣吏頗受禮遺均諫不聽乃脱身為傭歲餘得錢帛歸以與兄曰物盡可復得為吏坐贓終身捐棄兄感其言遂為廉潔均好義篤實養寡嫂孤兒恩禮敦至公車特徵再遷尚書

豈有儒家子　甘心作賤傭

阿兄誠可悟　錢帛力堪供

二百卅孝圖
卷一

待弟成名

漢書

魯恭字仲康扶風平陵人父某建武初爲武陵太守卒官時恭年十二弟丕七歲晝夜號踊不絶聲郡中賻贈無所受及歸服喪禮過成人鄉里奇之十五與母及丕俱居太學習魯詩閉户講誦絶人間事兄弟俱爲諸儒所稱恭憐丕小欲先就其名託疾不仕郡數以禮請謝不肯應母强遣之恭不得已而西因留新豐教授建初初丕舉方正恭乃始爲郡吏

講誦無容後　功名不忍先

雖云違母命　弱弟實堪憐

感母賑弟　　漢書

薛包字孟常汝南人少有至行父娶後妻而憎包分出之包日夜號泣不能去至被毆扑不得已廬於舍外旦入灑掃又逐之廬於里門昏晨不廢積歲餘父母慙而還之及父母亡弟子求分財異居包不能止乃中分其財奴婢引其老者曰與我共事久若不能使也田廬取其荒頓者曰吾少時所理意所戀也器物取其朽敗者曰我素所服食身口所安也弟子數破其産輒復賑給

被逐何能去　廬門復里門

破家諸弟姪　知否薛包恩

母病不食　　漢書

汝郁字叔異陳國人性仁孝年五歲母病不能食郁常抱持啼哭亦不食母憐之强為飯宗親共異之因字曰異也及親歿遂隱處山澤後累遷為魯相以德教化百姓稱之流人歸者八九千戶

母病兒如病　母餐兒乃餐
可憐纔五歲　相對淚闌干

二百卅孝圖
卷

善事繼母　漢書

李曇字雲潁川人少喪父躬事繼母繼母酷烈曇性純孝定省恪勤妻子執勞不以為怨得四時珍玩先以進母與徐稺姜肱袁閎韋著稱五處士焉

繼母多難悅　況復逢嚴烈

李曇執勤勞　時珍無或缺

二百卌孝圖
卷

言不稱老　　漢書

胡廣字伯始南郡華容人少孤貧親執家苦舉孝廉歷官司徒進太傅錄尚書事時年已八十而心力克壯繼母在堂朝夕瞻省傍無几杖言不稱老及母卒居喪盡哀率禮無愆廣性恭遜明解朝章雖無謇直之風屢有補闕之益故京師諺曰萬事不理問伯始天下中庸有胡公

恒言不稱老　八十古尤稀

繼母方隆養　晨昏禮不違

二百卌孝圖
卷一

兄弟共被　　漢書

姜肱字伯淮彭城廣戚人也與二弟仲海季江俱以孝行著聞其友愛天至常共被而寢及各娶妻兄弟相戀不能別寢以係嗣當立乃遞往就室肱嘗與季江謁郡夜於道遇盜欲殺之肱與弟更相爭死賊遂兩釋焉但掠奪衣資而已旣至郡中見肱無衣服怪問其故肱託以他辭終不言盜盜聞而感悔乃還所略物

居常共被眠　遇難爭相死
試問同胞人　幾箇能如此

雞惟奉母　漢書

茅容字季偉陳留人也年四十餘耕於野與等輩避雨樹下衆皆夷踞容獨危坐郭太見而異之因請寓宿旦日容殺雞食母餘半庋置自以草蔬與客同飯太曰卿賢哉遠矣乃我友也勸令從學

善人非践迹　居敬有茅容
殺雞惟奉母　得友郭林宗

二百卌孝圖 卷一

能孝必忠　　魏志

太祖在兖州以東平畢諶為別駕張邈之叛也邈劫諶母弟妻子太祖謝遣之曰卿老母在彼可去諶頓首無二心太祖嘉之為流涕既出遂亡歸邈及呂布破諶生得衆為諶懼太祖曰夫人孝於其親者豈不亦忠於君乎吾所求也以為魯相

母被他人劫　何容不自歸

阿瞞能禮士　忠孝兩無違

得母推財　　魏志

孫禮字德達涿郡容城人也初喪亂時禮與母相失同郡馬台求得禮母禮推家財盡以與台台後坐法當死禮私導令踰獄自首既而曰臣無逃亡之義徑詣刺奸主簿温恢嘉之具白太祖各減死一等後除河間郡丞稍遷滎陽都尉

但得慈親至　家財盡與人

更膺踰獄罪　報德渺無垠

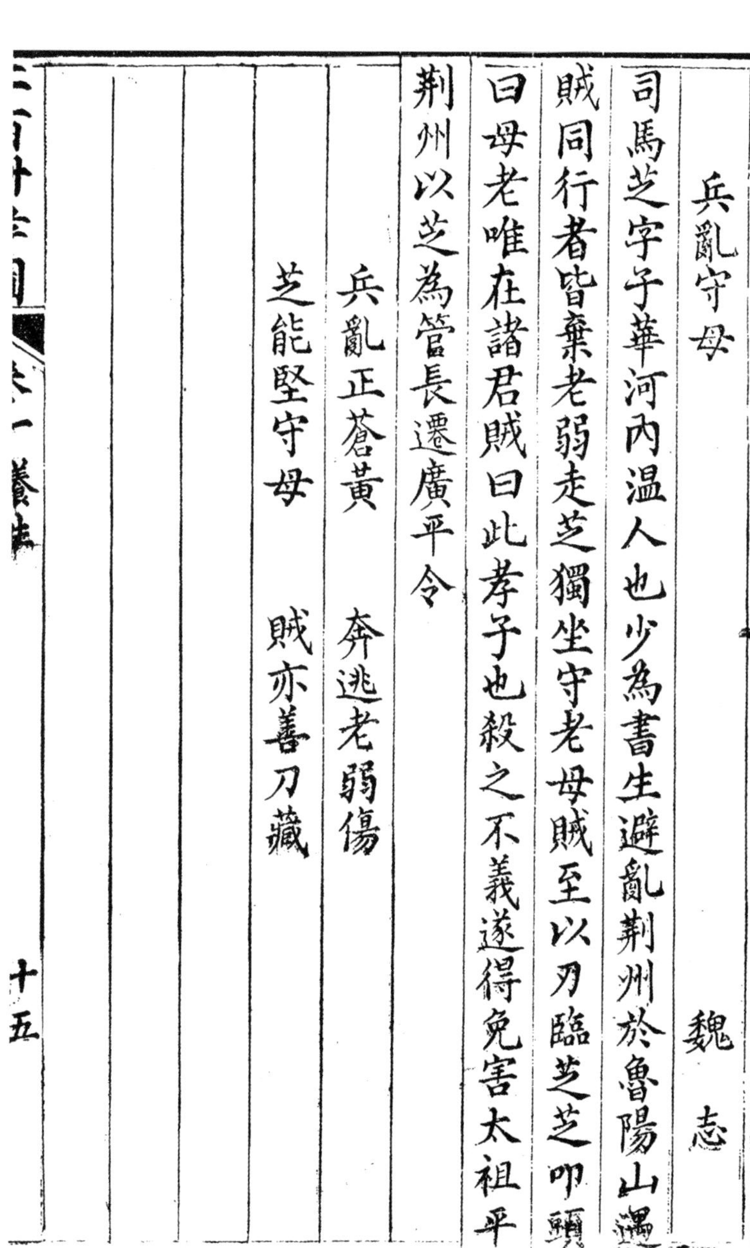

兵亂守母　　魏志

司馬芝字子華河內温人也少為書生避亂荆州於魯陽山遇賊同行者皆棄老弱走芝獨坐守老母賊至以刃臨芝芝叩頭曰母老唯在諸君賊曰此孝子也殺之不義遂得免害太祖平荆州以芝為菅長遷廣平令

兵亂正蒼黃　奔逃老弱傷

芝能堅守母　賊亦善刀藏

失母心亂　　蜀志

徐庶字元直潁川人折節學問聽習經業義理精熟遂與同郡石韜相親愛初平中中州兵起乃與韜南客荊州到又與諸葛亮特相善時先主屯新野庶往見之因並薦亮於先主當陽之敗庶母為曹操所獲庶辭先主指其心曰本欲與將軍共圖王霸之業者以此方寸地也今已失老母方寸亂矣無益於事請從此別遂詣操

邈矣徐元直　伏龍鳳雛流
母去心隨去　平生事業休

二百卅孝圖
卷

和協二母　　吳志

陳武字子烈廬江松滋人爲偏將軍戰死子修追封都鄉亭侯弟表字文奥武庶子也拜翼正都尉修亡後表母不肯事修母表謂其母曰兄不幸早亡表統家事當奉嫡母母若能爲表屈情承順嫡母者是至願也若母不能直當出別居耳由是二母感寤雍穆表於大義公正如此後以功拜偏將軍進封都鄉侯

嫡妾每相爭　生男愈抗衡
孰如陳表義　盡禮自和平

諫母護兄　　晋書

王覽字元通母朱遇前妻子祥無道覽年數歲每見祥被箠輒涕泣抱持其母母以非禮使祥覽輒與俱及長娶妻母虐使祥妻覽妻亦趨之母少止祥漸有時譽母深疾之密使酖祥覽徑起取酒祥不與母奪而反之後母賜祥饌覽輒先嘗母懼遂止覽孝友恭恪名亞於祥及祥仕進覽亦應本郡之召稍遷司徒西曹掾清河太守

王祥誠盡孝　弟覽更能恭
阻笞兼阻酖　慈母亦惺忪

二百卅孝圖

哭野生芹

晉書

劉殷字長盛新興人七歲喪父哀毀過禮曾祖母王氏盛冬思芹而不言食不飽者一旬矣殷怪問之王氏言其故殷時年九歲乃詣澤中慟哭曰殷幼丁艱罰王母在堂無旬月之養殷為人子而所思無獲皇天后土願垂哀愍聲不絕者半日於是忽若人有云止止殷收淚視地見有芹生焉因得斛餘食而不減及至芹生乃盡又嘗夜夢人謂之曰西籬下有粟窖而掘之得十五鍾銘曰七年粟百石以賜孝子劉殷

冬月忽思芹　荒畦慟哭勤

神明將勸孝　賜粟報劉殷

二百卌孝圖
卷一

叩凌得魚　　晉書

王延字延元西河人九歲喪母泣血三年幾至滅性繼母卜氏遇之無道嘗盛冬思生魚敕延求而不獲杖之流血延尋汾叩凌而哭忽有一魚長五尺踊出冰上延取以進母母乃感悟撫延如己生延夏則扇枕冬則溫衾晝則傭賃夜則誦書遂究覽經史州郡禮辟貪供養不起父母終年六十始仕劉聰至金紫光祿大夫

盛冬缺甘旨　兒罪自當捶

冰開魚忽躍　可繼王祥美

二百卌孝圖 卷一

陽狂避封　　晉書

華混字敬倫平原高唐人父廙歷南中郎將嗣祖表世爵為中書監荀勖所誣表免其官為庶人何遵請以表世孫混嗣表混乃逃避斷髮陽狂病瘖不能語故得不拜世咸稱之太康初大赦廙乃襲封為中書監惠帝時加尚書令年七十五卒混乃嗣爵

父以誣奪官　兒方無所訴

世爵詎堪膺　陽狂聊自錮

百卅孝圖
卷

不畏癘疫　晉書

庾衮字叔褒潁川鄢陵人明穆皇后伯父也少履勤儉篤學好問事親以孝稱會大疫二兄俱亡次兄毗復殆癘氣方熾父母諸弟皆出次於外衮獨留不去諸父兄強之乃曰衮性不畏病遂親自扶侍晝夜不眠其間復撫柩哀臨不輟如此有十餘旬疫勢既歇家人乃反毗病得差衮亦無恙

正氣充天地　何容疫氣侵

侍兄無倦色　庾衮實堪欽

慟母目明　　晉書

盛彥字翁子廣陵人也母王氏因疾失明彥於是不應辟召躬自侍養母食必自哺之母既疾久至於婢使數見捶撻婢忿恨伺彥暫行取蠐螬炙飴之母食以為美然疑是異物密藏以示彥彥見之抱母慟哭絕而復蘇母目豁然即開彥仕吳至中書侍郎

母瞽嘗親哺　何堪離跬步
偶去蠐螬來　慟絕翻成晤

二百卅孝圖
卷

專意養兄　晉書

顔含字宏都琅邪莘人也父汝陰太守兄畿病死見夢於其婦曰吾當復生可急開棺其母及家人又夢之即欲開棺而父不聽含尚少勸開之果有生驗而氣息甚微飲哺累月猶不能語雖母妻不能無倦矣含乃躬親侍養足不出户者十有三年含二親既終兩兄繼没次嫂樊氏因疾失明含課勵家人盡心奉養

阿兄死復生　雖生未能語

扶侍十三年　拳拳竭心膂

代質迎兄　　魏書

代王翳槐之弟什翼犍生而奇偉寬仁大度身長八尺隆準龍顏立髮委地卧則乳垂至席出質於趙翳槐疾病命諸大人立之翳槐卒諸大人以什翼犍在遠來未可必謀立次弟孤孤不可自詣鄴迎什翼犍請身留為質趙主石虎義而俱遣之什翼犍即位於繁畤北分國之半以與孤

吾父既考終　吾兄方外質

迎來主國家　分疆情更密

焦飯供母　　　　晉書

陳遺吳郡人少為郡吏母好食鎗底焦飯遺在役恒帶一囊每煑食輒錄其焦以貽母後孫恩亂聚得數升恒帶自隨及敗逃竄多有餓死遺以此得活母晝夜哭泣目為失明遺還入戶再拜號咽母目豁然即明

為母存焦飯　何圖救己身

夫夫皆羡此　其柰乏前因

力辭王姬　　晉書

焦華南安人西秦安南將軍遺之子也性至孝遺曾病甚冬中思食瓜華忽夢人謂之曰聞爾父思瓜故送助養華跪受寤而瓜果在手香美非常遺食之而病愈西秦王乞伏乾歸欲以女妻之辭曰凡娶妻者欲與之共事二親也今以王姬之貴下嫁蓬茅之士誠非其匹臣懼其闕於中饋非所願也乾歸曰卿之所行古人之事孤女不足以强卿乃以華為尚書民部郎

父病瘵無術　通神夢得瓜

王姬雖貴重　何足偶焦華

得米易粟　宋書

何子平廬江灊人也事母至孝揚州辟從事史月俸得白米輒貨市粟麥或曰所利無幾何足為煩子平曰尊老在東不辦常得生米何心獨饗白粲每有贈鮮肴者若不可寄致至家則不肯受後為海虞令縣祿惟供養母一身不及妻子人疑其儉薄子平曰希祿本在養親不在為己問者慙而退

幸有慈親在　香秔忍獨餐
鮮肴猶必致　刻意是承歡

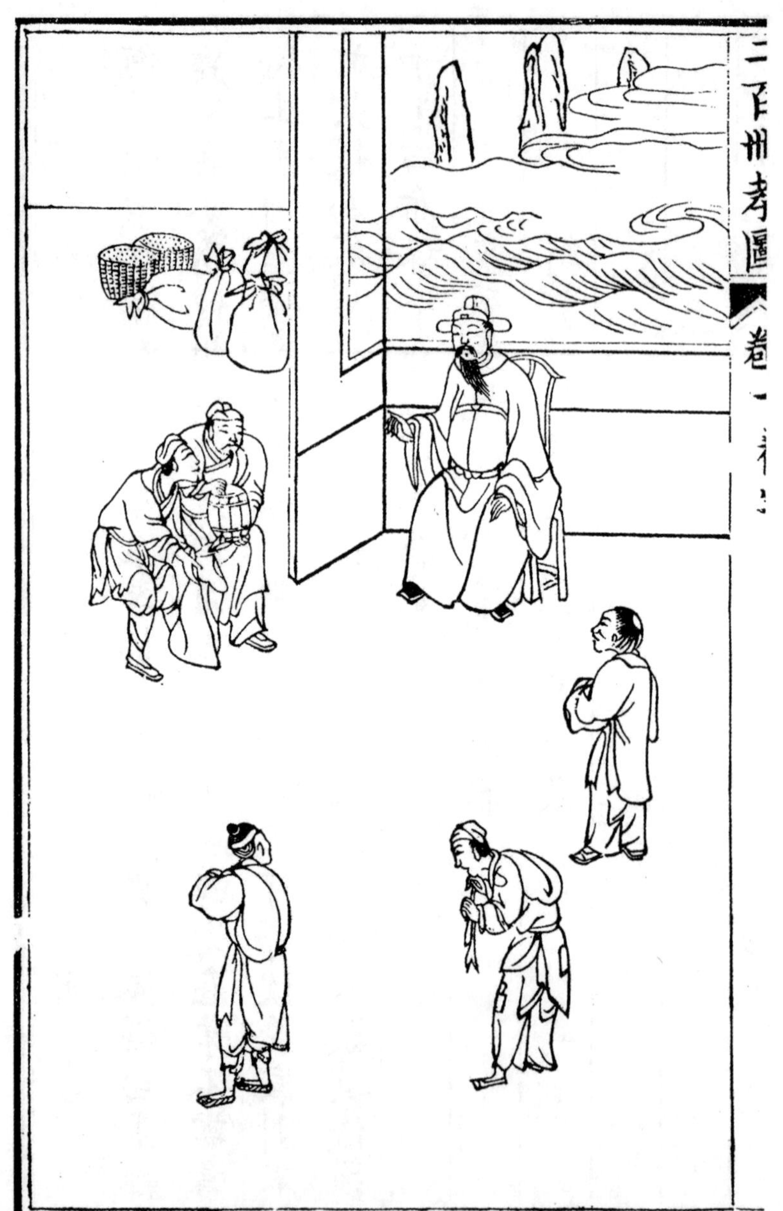

不先嘗李　宋書

王僧孺字僧孺東海郯人魏衛將軍肅八世孫也幼聰慧年五歲便機警初讀孝經問授者曰此書何所述曰論忠孝二事僧孺曰若爾願常讀之又有餽其父冬李先以一與之僧孺不受曰大人未見不容先嘗及長篤愛墳籍家貧常傭書以養母寫畢諷誦亦了

孩年讀孝經　發問仰前型
對客辭冬李　融梨此共惺

事兄如父　　宋書

蔡廓字子度濟陽考城人武帝以其剛直不容邪枉補御史中丞多所糾奏百寮震肅廓奉兄軌如父家事大小皆咨而後行公祿賞賜一皆入軌有所資須悉就典者請焉從武帝在彭城妻郗氏書求夏服廓答書曰知須夏服計給事自應相供無容別寄時軌為給事中武帝嘗曰羊徽蔡廓可平世三公

事兄如事父　家庭有政施

妻雖須夏服　尺帛豈容私

比迹茅容　　南史

樂頤字文德南陽涅陽人也仕為京府參軍父在郢病亡頤忽悲戀涕泣因請假還中路果得凶問又嘗遇病與母隔壁忍痛不言嚙被至碎恐母之哀己也吏部郎庾杲之嘗往候樂頤為設食唯枯魚菜菹杲之曰我不能食此母聞之自出常膳魚羹數種杲之曰卿過於茅季偉我非郭林宗

生悲知父險　忍痛冀孃安
菜菹賓難咽　萱幃更授餐

二百卌孝圖
卷

持藥指爛　　齊書

劉瓛沛郡人齊武帝除為步兵校尉不拜瓛姿狀纖小儒學冠於當時有至性祖母病疽經年手持膏藥漬指為爛母孔氏甚嚴明謂親戚曰阿稱便是今世曾子阿稱瓛小名也

劉瓛學者宗　況復孝心醲
兒指雖云爛　欣除祖母癰

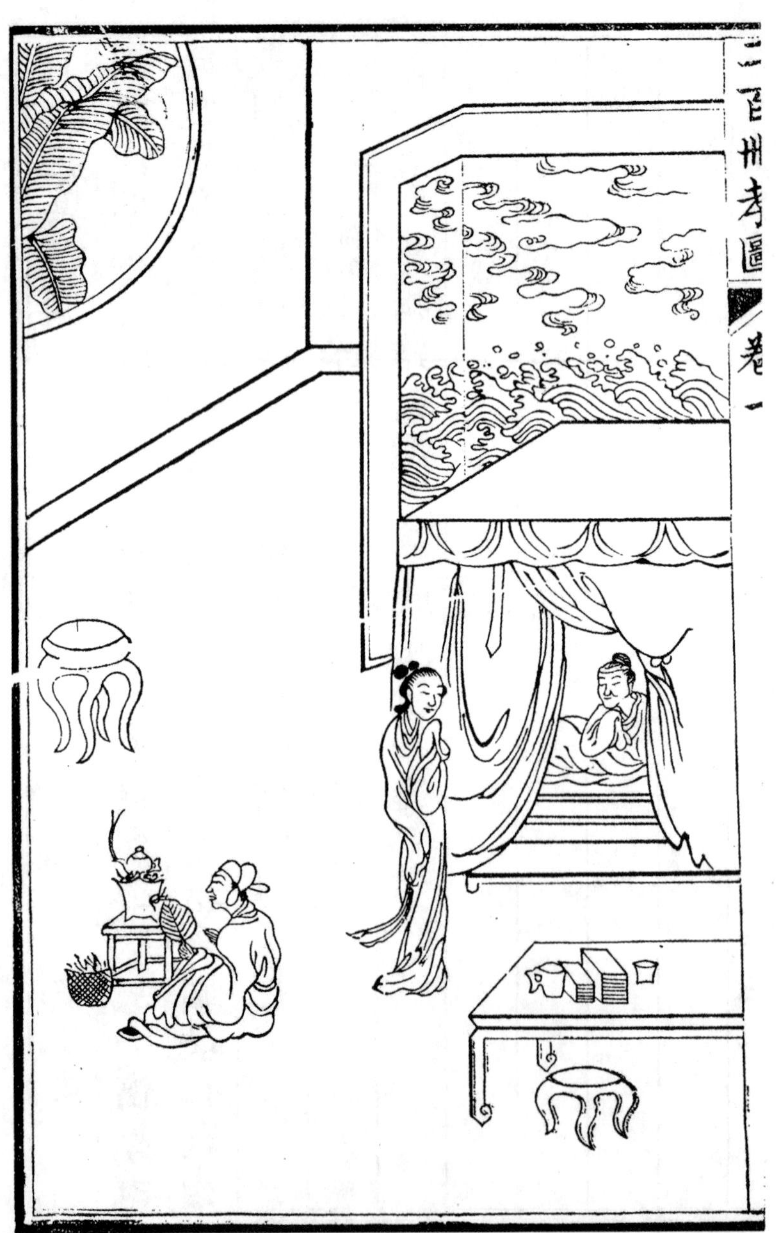

孝友天至　　　　　　　　　　　　　齊書

劉渢字處和南陽人父紹仕宋爲中書郎渢母早亡紹納路太后兄女爲繼室渢年數歲路氏不以爲子與奴婢輩捶打無期度路氏生溓渢憐愛之不忍捨路氏病經年渢晝夜不離左右每疾增輒流涕不食路氏感其意慈愛遂隆及溓有識事渢過於同產

身與奴爲伍　　翻將幼弟憐

忘餐惟侍疾　　慈母遂無偏

濟母置兒　　梁書

王元規字正範太原晉陽人也八歲而孤隨母依舅氏往臨海郡從吳興沈文阿受業遂博通經傳元規事母甚謹晨昏未嘗離左右時山陰縣有暴水流漂居宅元規唯有一小船倉卒引其母妹并姑姪入船元規自執檝棹而去留其男女三人閣於樹杪及水退俱獲全時人稱其至行元規仕梁為宣城王記室參軍歷陳為國子祭酒至隋卒於東閣祭酒

大水忽奔流　吳舡母妹浮

樹頭兒女閣　順德逕天休

孝魚泉　北史

陸政吳郡人祖載從宋武帝平關中軍還留載與其子義眞鎮長安遂沒於赫連氏魏太武平赫連載仕魏爲中山郡守政性至孝其母吳人好食魚北土魚少政求之常苦難後宅傍忽有泉出而有魚遂得以供膳人以爲孝感因謂其泉爲孝魚泉政後爲行臺縣伯左丞原州刺史賜爵中都侯

吳地徙關中　肥甘味不同

魚泉生舍後　喜得舊家風

二百卅孝圖
卷一

扶持老兄　　魏書

楊播字延慶華陰人家世純厚並敦義讓昆季相事有如父子椿津恭謙兄弟旦則聚於廳堂終日相對未曾入內有一美味不集不食廳堂間往往幃幔隔障為寢息之所時就休偃還共談笑椿年老曾他處醉歸津扶持還室假寢閤前承候安否椿津年過六十並登台鼎而津嘗旦暮參問子姪羅列階下椿不命坐津不敢坐椿每近出或日斜不至津不先飯椿還然後共食

兄弟聚庭堂　雝雝笑語詳
醉歸扶侍久　白首共翺翔

二百卌孝圖
卷一

事兄恭順　　魏書

崔孝暐字敬業吏部尚書孝芬之弟也少寬雅早著長者之風彭城王勰之臨定州辟為主簿尋除趙郡太守孝暐奉其兄孝芬盡恭順之禮坐食進退孝芬不命則不敢也雞鳴而起旦參顔色一錢尺帛不入私房吉凶有須聚對分給諸婦亦相親愛有無共之

錢帛一無私　周旋盡吾禮
孝芬固名臣　何修得此弟

二百卌孝圖
卷

侍宴取餌　　南史

徐孝克東海郯人性至孝遭父憂殆不勝喪事所生母陳氏盡就養之道侯景寇亂孝克養母饘粥不給乃剃髮為沙門乞食以充給焉陳宣帝甚嘉其操行除國子祭酒孝克每侍宴無所食啜至席散當其前膳羞損減宣帝密記以問中書舍人管斌斌尋訪方知其取還以遺母斌以實啟宣帝嗟嘆乃勑所司自今宴享孝克前饌並遣將還以餉其母

長齋繡佛前　侍宴取甘鮮
幸得君王察　朝來拜賜旋

結網捕魚　　　　南史

張昭字德明吳郡吳人也幼有孝性父𠌫常患消渴嗜鮮魚昭乃身自結網捕魚以供朝夕弟乾亦有至性及父卒兄弟並不衣綿不食鹽酢日惟食一升麥屑粥每一感慟必致歐血

父性嗜鮮魚　張昭因結網

晨餐必潔修　事與南陔傍

二百卌孝圖
卷

辭官歸養　　魏書

閻元明河東安邑人少而至孝行著鄉閭太和五年為北隨郡太守以違離親養興言悲慕母亦慈念泣淚喪明元明悲號上訴許歸奉養一見母母目便開刺史呂壽恩上聞詔表為孝門復其租調兵役令終母年

筮仕別親帷　親悲已更悲
一朝還舊宅　相對喜無涯

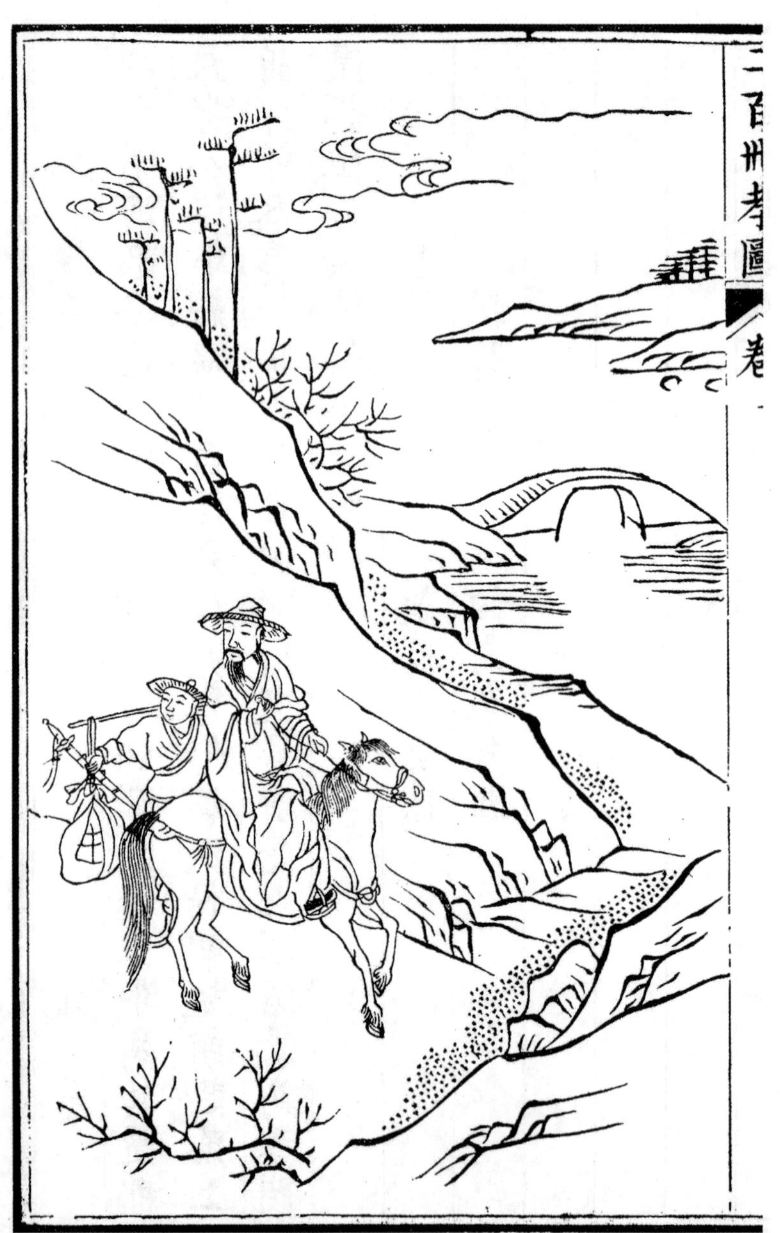
二百卌孝圖
卷

射牛不問　　隋書

牛宏字里仁安定鶉孤人也為吏部尚書篤志於學雖職務繁雜書不釋手弟弼酗酒射殺宏駕車牛宏自外還其妻迎謂之曰叔射殺牛宏無所問直云作脯坐定其妻又曰叔忽射殺牛大是異事宏曰已知之矣顏色自若讀書不輟

酗酒尋常事　家人絮絮言
射牛毫不問　坐使薄夫敦

出妻合爨　　　　唐書

劉君良瀛州饒陽人累代義居兄弟雖至四從皆如同氣尺布斗粟人無私焉時天下饑饉君良妻勸其分析乃竊取庭樹上鳥雛交置諸巢中令羣鳥鬬競舉家怪之其妻曰方今天下大亂爭鬬之秋禽鳥尚不能相容況於人乎君良從之分別後月餘方知其計中夜遂攬妻髮大呼曰此即破家賊耳遂棄其妻更與諸兄弟同居會盜起閭里依之者數百家因名義成堡

兄弟原同氣　妻孥各異心
鳥巢奸計破　鄰里保無侵

夢母得訊　　　　　　唐書

高儉字士廉渤海蓨人爲治禮郎隋軍伐遼時兵部尚書斛斯政亡奔高麗士廉坐與交遊謫爲朱鳶主簿事父母以孝聞嶺南瘴癘不可同行留妻鮮于氏侍養供給不足乃賣大宅買小宅以處之分其餘資輕裝而去交趾太守邱和署爲司法書佐士廉久在南方不知母問北顧彌切嘗晝寢夢其母與之言宛如膝下既覺而涕泗横集明日果得母訊議者以爲孝感

坐累謫朱鳶　　瞻雲萬里天

感通惟夢寐　　雁字寄翩翩

二百卌孝圖
卷一

乞食供親　　唐書

李道彥高祖從父弟神通長子也幼而事親甚謹初義師起神通逃難被疾於山谷緜歷數旬山中食盡道彥著故弊衣出人閒乞丐及採野實以供其父身無所噉其父分以食之輒詐言已噉而覆藏留之以備闕乏及神通應義舉授朝請大夫高祖受禪封膠東王授隴州刺史後丁父憂廬於墓側負土成墳躬植松柏容貌哀毀親友皆不復識之

避亂棲山谷　日久無饘粥
人間乞丐回　備乏仍枵腹

二百卅孝圖
卷

祈兄救叔　　唐　書

初杜如晦叔父淹事王世充譖如晦兄殺之又囚其弟楚客餓幾死及世充敗淹當死楚客請如晦救之不從楚客曰曩者叔已殺兄今兄又殺叔一門之内相殘而盡豈不痛哉欲自刎如晦乃為之請淹得免死

何論恩與怨　　骨肉忍相殘
叔死無能救　　吾生豈足觀

代兄自杖　　唐書

韋嗣立字延構鄭州陽武人納言思謙子承慶異母弟也母王氏遇承慶甚酷每杖承慶嗣立必解衣請代母不許輒私自杖母感寤爲均愛世比晉王覽第進士累調雙流令政爲二川最承慶解鳳閣舍人武后召嗣立謂曰爾父嘗稱二子忠且孝堪事朕比兄弟稱職如爾父言今使卿兄弟自相代即拜鳳閣舍人

傷哉異母兄　被杖代哀鳴
武后知忠孝　蟬聯鳳閣榮

誓養祖母

唐書

殷亮陳郡人麗正殿學士踐猷孫也父寅爲太子校書坐事貶澄城丞病且死以母蕭老不忍訣及斂亮乃斷指剪髮置棺中自誓事祖母如寅在其後侍蕭疾不脫衣者數年有白鷰巢其楣後官杭州刺史

父病恨方深　兒堪慰父心
代親供子職　侍疾不開襟

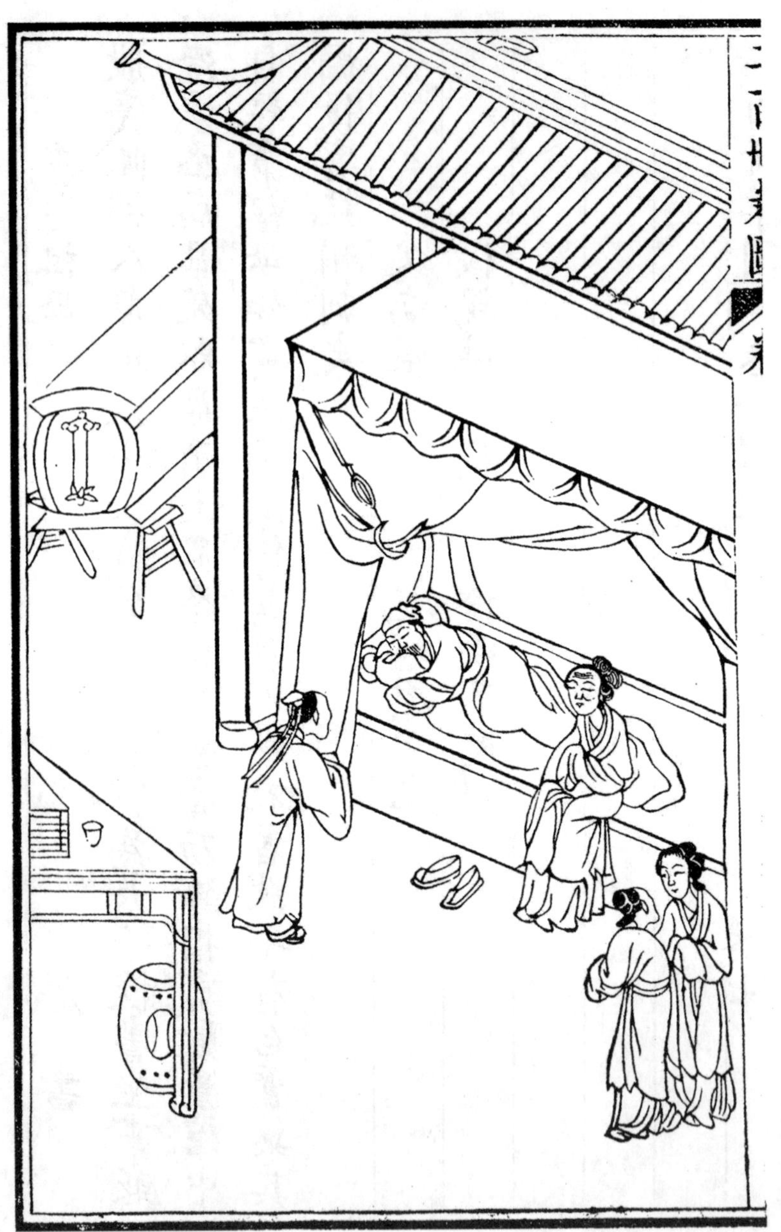

遭讒不辯　　唐書

崔衍安平人左丞倫之子繼母李氏不慈於衍衍時為富平尉倫使於吐蕃久方歸李氏衣弊衣以見倫言衍不給衣食倫大怒召衍責詬袒其背將鞭之衍涕泣終不自陳倫弟殷聞之趨往以身蔽衍大言曰衍每月俸錢皆送嫂處殷所具知倫怒乃解及倫卒衍事李氏益謹李氏所生子郃每多取子母錢使其主以契書徵負於衍衍歲為償之而妻子衣食無所餘

已竭承歡力　遭讒忍自陳
多多償弟債　愧煞鬩牆人

貶恐驚親　　　　　　　　　　唐書

初衡州刺史曹王臯有治行湖南觀察使辛京杲疾之陷以法貶潮州刺史楊炎知其直及入相復擢為衡州始臯之遭誣在治念太妃老將驚而慼出則囚服就辨入則擁笏垂魚既貶於潮以遷入賀及是然後跪謝告實

貶謫亦尋常　　　萱幃或恐傷

垂魚朝夕見　　　此意最周詳

馳赴兄難　　唐書

孫成字退思博州武水人太子詹事逖子也以父蔭累授長安令時兄宿為華州刺史因失火驚懼成瘖病成素孝悌蒼黃請急不俟報而趨華代宗嘉之歎曰急難之切觀過知仁歷倉部郎中京兆少尹出為信州刺史有惠政郡人請立碑頌德優詔褒美轉蘇州刺史

遊宦別吾兄　傳來有火驚
蒼黃馳問訊　急難得仁聲

二百卅孝圖
卷

善事庶母　　唐書

崔縱博陵安平人道州刺史渙子也初以蔭補協律郎累拜御史大夫初渙有寵妾鄭氏縱以母事之鄭氏性剛戾待縱不以理雖為大僚每加笞詬縱率妻子候顏敬順不懈時以為難

父母之所愛　終身敬勿衰
崔縱如此孝　庶母更加笞

二百卌孝圖

布衣侍親　　唐書

趙隱字大隱京兆奉天人擢進士第累官同中書門下平章事性仁悌不敢以貴權自處始布衣時家無資與兄隲同耕以養雖姻宗之富未嘗干以財宦寖顯還家易衣侍左右猶布衣也隲終宣歙觀察使

仕宦雖將相　仍吾寒素體
易衣侍庭幃　趙隱難兄弟

輿親避亂　　　　唐書

王徽安定鶉觚人太子少師僧孺孫也官吏部員外郎黃巢犯京師父蔚方病徽與其子自扶藍輿投竄山南路險狹盜賊縱橫谷中輿盜擊徽破首流血被體而捉輿不輟盜苦廹之徽拜之曰父年高疾甚不欲駭動人皆有父幸相垂恤盜相告語曰此孝子也即同舉輿延於其家以帛封瘡饘飲奉蔚留之信宿得達梁州

狗鼠鬱縱橫　藍輿捧父行

血流山谷內　羣盜感精誠

肩輿雪行

唐書

張策字少逸河西燉煌人少聰悟好學召拜廣文館博士邠州王行瑜辟觀察支使李克用攻王行瑜策與婢肩輿其母東歸行積雪中行者憐之華州韓建辟為判官建徙許州以為掌書記建遣策聘於朱全忠全忠見之曰張夫子至矣遂留以為掌書記薦於朝累拜翰林學士

奉母逃兵亂　肩輿走雪中
事親能竭力　學士幾人同

自杖母前　　五代史

王殷大名人少為軍卒以軍功累遷靈武馬步軍都指揮使晉天福中擢原州刺史殷事母以孝聞欲與人遊必先白母母所不可者未嘗敢往及為刺史政事有少失母責之殷即取杖授婢僕自笞於母前出帝時為奉國右廂都指揮使後從劉智遠討杜重威先登力戰矢中其腦鏃自口出而不死

交人不敢專　立政何容弛

矢貫腦猶生　神明宥孝子

二百卌孝圖
卷一

敬事病兄　　五代史

張仁愿字善政開封陳留人也天福五年拜大理卿八年轉光祿卿仁愿性溫雅明法書累居詳刑之地議讞疑獄號為稱職兄仁穎梁朝仕至諸衛將軍中年以風恙廢於家凡十餘年仁愿事之出告反面如嚴父焉士大夫推為孝友

阿兄染風恙　妻孥懶供養
仁愿十年餘　父事誰能望

二百卌孝圖
卷

二百卌孝圖卷二

肅州胡文炳虎臣輯　安康謝仁澍韻梧書

養生

掘地得金　五代史

蜀人孟熙販果奮養父母承顏順旨溫清定省出告反面不憚苦辛父嘗云我雖貧養得一曾參及父亡絕漿哀號幾至滅性布苫見地寢處其上三年不食鹽酪遠近嘆服因見鼠掘地得黃金數千兩自此成巨富焉

販果雖貧窶　承歡父比參

倘非天所祐　那得數千金

二百卌孝圖

鑿冰得鱖　宋史

查道字湛然歙州休甯人南唐工部尚書文徽孫也幼沈嶷不羣罕言笑喜親筆硯文徽特愛之未冠以詞業稱侍母渡江奉養以孝聞母嘗病思鱖羹方冬苦寒市之不獲道泣禱於河鑿冰取之得鱖尺許以饋又刲臂血寫佛經母疾尋愈

本是大方家　何勞奉養夸
祇緣冬月鱖　泣禱鑿冰拏

旌表義門　宋史

陳兢江州德安人初陳宜都王叔明之裔孫曰崇為江州長史益置田園為家法戒子孫唐僖宗時旌其門南唐又為立義門崇孫昉試奉禮部昉家十三世同居長幼七百口不畜僕妾上下姻睦人無間言每食必羣坐廣堂未成人者别為一席有犬百餘共一牢食一犬不至羣犬亦皆不食開寶初免其徭役至昉弟之子兢子姪益衆常乏食知州康戩言於朝詔本州每歲貸粟二千石

立法戒兒孫　雍和號義門

旌為鄉國表　免役更加恩

二百卅孝圖
卷二
義門

乞地榮養　　　　　　　　宋史

許瓊開封鄢陵人開寶五年子永罷盧氏尉詣匭上言臣年七十五父瓊年九十九長兄年八十一次兄年七十九欲乞近地一官以就榮養上覽奏召永訊之即命迎其父赴闕瓊得對於講武殿上顧問久之悉能奏對而詞氣不衰言唐末以來事歷歷可聽上悅其父子俱享遐壽賜襲衣犀帶銀鞍勒馬帛三十匹茶二十斤授永鄢城令

父子享遐齡　陳言對帝廷

太和充宇宙　應見老人星

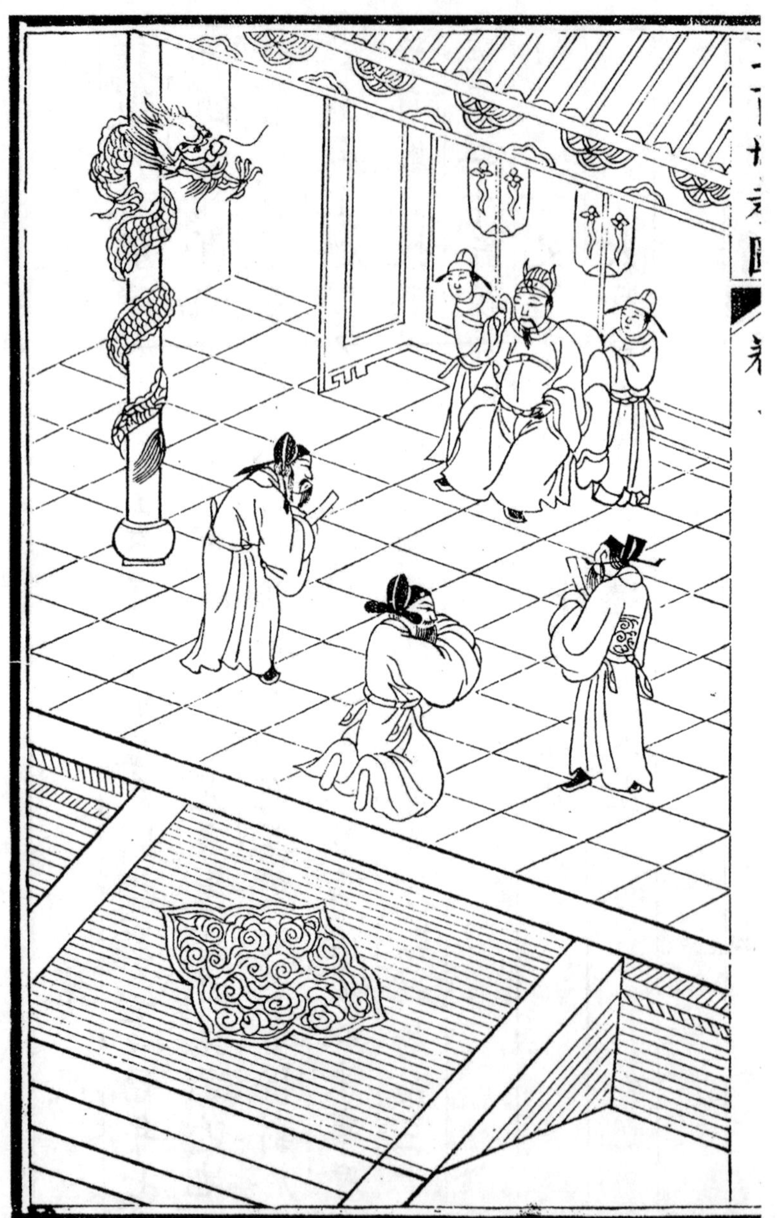

號慟還母　　宋史

李諮字仲詢新喻人也幼有至性父文捷出其母諮日夜號泣食飲不入口父憐之而還其母遂以孝聞舉進士真宗顧左右曰是能安其親者擢第三人累知開封府數月權三司使

母去兒心摧　忘餐父意回
君王憐至孝　擢第上蓬萊

遇虎得還　宋史

朱泰湖州武康人鬻薪養母常適數十里易甘旨一日雞鳴入山遇虎攫之而去泰已瞑眩行百餘步忽稍醒厲聲曰虎爲暴食我所恨母無託爾虎忽棄泰於地走鄉里聞其孝感率金帛遺之目爲朱虎殘

百里求甘旨　雞鳴趣入山

厲聲呵虎去　鄉里共開顏

因赦減租　　宋史

汪廷美婺源人孝友純至義居數十年聚族衆二百口旦夕食必同席有未至者不敢先嘗廷美節嗜欲身衣繒布非因祭不肉食親喪盡哀不應賓客遇忌則終日齋肅大中祥符中東封赦減天下賦十之二廷美亦減其佃者租十之二里人或竊其鶩問之曰夏至將以祭先廷美曰彼窮乃有孝心助以魚酒子姪諸孫有過未嘗形諸言但訓以自昔興替之事

合族情俱洽　　持躬禮必遵
佃租隨赦減　　無愧義居人

二百卅孝圖
卷二

昏目復明　　宋史

顧忻泰州泰興人十歲喪父以母病葷辛不入口者十載雞初鳴具冠帶率妻子詣母室問其所欲如此五十年未嘗離母左右母老目不能覩物忻日夜號泣訴天刺血寫佛經數卷母目忽明

顧忻憂母病　立意絶葷辛

向天號訴久　老目更無眴

二百卌孝圖
卷

為父求官　　宋史

郝戭字伯牙石州定胡人為通山令時年未五十以父樵老不第上書請致仕為父求官執政諭使赴官而後請曰如是則可升朝籍遇恩及親矣於是留妻子於家獨奉父行踰歲竟謝事上官以其治縣有績惜其去固留之耆老拜庭遮道皆不能止得太子中允以歸

父老未曾官　兒榮總不安

懇求俱得職　舞綵好承歡

二百卌孝圖
卷二

絶葷祈壽　　宋史

郭琮台州黄巖人幼喪父事母極恭順娶妻有子移居母室凡母之所欲必親奉之居常不過中食絶飲酒茹葷者三十年以祈母壽母年百歲耳目不衰飲食不減鄉里異之至道三年詔書存恤孝悌鄉老陳贇率同里四十人狀琮事於轉運使以聞有詔旌表門閭除其徭役明年母無疾而終琮哀號幾乎滅性鄉里率金帛以助葬

止有慈親在　私心冀壽延

卅年葷酒絶　誠意果回天

二百卅孝圖
卷

奉親應舉　　宋史

徐積字仲車楚州山陽人孝行出於天稟三歲父死旦旦求之甚哀母使讀孝經輒淚落不能止積事親孝旦夕必冠帶定省從胡瑗學所居一室寒一裘啜粟飲水雖瑗遺以食亦不受以父名石至終身不用石器行遇石則避而不踐及壯應舉不忍捨親載與同行登進士第首許安國率同年生入拜人以為榮

舉足難忘父　萱堂忍再違
赴京登第後　同榜煥斑衣

保兄如嬰　　宋史

司馬光字君實陝州夏縣人歷官宰相封温國公與其兄伯康友愛尤篤伯康年將八十公奉之如嚴父保之如嬰兒每食少頃則問曰得無飢乎天少冷則拊其背曰衣得無薄乎

人生惟老小　扶侍無容少

時刻問飢寒　温公兄弟渺

仕不離親

宋史

葛書思字進叔江陰人太常博士密子也第進士調建德主簿時密已老欲迎養之官密難之書思曰曾子一日不忍去親側豈以五斗移素志哉遂投劾歸養十年餘近臣表其志行以為泗州教授弗就密不得已許以他日偕行始乞監𫍯市鎮後仕朝奉郎居喪哀毀骨立盛暑不釋粗麻終禫不忍去冢舍

祿仕或緣貧　非貧忍去親

十年依膝下　悟否遠遊人

曾子湖　　宋史

羅孟郊興甯人生而穎異早喪父事母孝教授篤至邑多學者善書札洗硯池水盡黑人稱曰墨池天聖八年舉進士第三人累官諫議大夫翰林學士乞歸養母蓏華蕭然母冬月思鱠孟郊解衣入池取魚供母鄉人名其池為曾子湖卒衆立祠祀之

學士求歸養　晨昏潔餌飡
嚴冬鱸鱠少　槃礴下深池

夜歸不驚　　宋史

趙善應字彥遠漢王元佐六世孫居饒之餘干縣官江西兵馬都監性純孝親病嘗刺血和藥以進母畏雷每聞雷則披衣走其所嘗寒夜遠歸從者將扣門遽止之曰無恐吾母露坐達明門啟而後入家貧諸弟未製衣不敢製已製未服不敢服一瓜果之微必相待共嘗之父終肺疾每膳不忍以諸肺爲羞母生歲值卯謂卯兔神也終其身不食兔道見病者必收恤之躬爲煮藥

刺血療親病　聞聲慮母驚
歸來寒夜永　露坐到天明

養親不仕　　宋史

虞允文字彬甫隆州仁壽人父祺登政和進士第仕至大常博士潼川路轉運判官允文六歲誦九經七歲能屬文以父任入官丁母憂哀毀骨立既葬朝夕哭墓側墓有枯桑兩烏來巢念父之鰥且疾七年不調跬步不忍離左右父死始登進士第通判彭州

吾父已居鰥　晨昏望解顔
人間朱紫貴　何似舞衣斑

一五八

回家見佛

楊黼性善而好佛慕蜀中無際大士往訪之途遇老僧告以故老僧曰見無際不如見佛黼曰佛安在何由得見老僧曰汝但回見披衾倒屣者即是黼遂回暮夜抵家母聞叩門聲喜甚披衾倒屣出户黼一見感悟由是竭力養親人稱其孝

世俗爭求佛　安知佛在家
高堂勤供養　真實理無差

二百卌孝圖 卷二

每食舍肉　　宋史

歐陽守道字公權一字迂父吉州人少孤貧無師自力於學里人聘為子弟師主人瞷其每食舍肉密歸遺母因為設二器馳送乃肯肉食鄰媪兒無不歎息感動年未三十翕然以德行為鄉郡儒宗後登進士官祕書郎

阿母食無肉　詎忍先充腹

主人馳送歸　里媪咸欽服

二百卌孝圖
卷二

賜雞遺母　　元史

鐵哥姓伽乃氏迦葉彌兒人父斡脱赤與叔父那摩俱學浮屠氏憲宗尊那摩為國師授玉印總天下釋教斡脱赤亦貴用事帝使斡脱赤往諭迦葉彌兒國為其王所殺子鐵哥甫四歲性穎悟不為嬉戲從那摩入見帝問誰氏子對曰兄斡脱赤子也帝方食雞輟以賜鐵哥鐵哥捧而不食帝問之對曰將以遺母帝奇之加賜一雞

不嘗僧孺李　能讓孔融棃
鐵哥誠繼美　君王更賜雞

贖回母兄　　元史

羊仁盧州盧江人也至元初阿术兵南下仁家為所掠父被殺母及兄弟皆散去仁年七歲賣為汴人李子安家奴力作二十餘年子安憐之縱為良仁踪跡得母於潁州蒙古軍畢塔海家兄於睢州蒙古軍岳納家弟於邯鄲連大家皆為役尚無恙乃徧懇親故貸得鈔百錠歷詣諸家求贖之經營百計更六年乃得遂復聚居為良孝友甚篤鄉里美之

干戈驅掠後　世族尚流離
孰意為奴者　能將骨肉維

八世同炊　　　　　　　　　元史

張閏延安延長人八世不異炊家人百餘口無間言日使諸女諸婦各聚一室為女紅工畢斂儲一庫室無私藏幼稚啼泣諸母見者即抱哺不問孰為己兒兒亦不知孰為己母也閏兄顯卒即以家事付姪聚聚辭曰叔父行也叔宜主之閏曰姪宗子也姪宜主之相讓旣久卒以付聚縉紳之家自謂不如

八葉雍和釀　　閨中肅不譁

禮嚴宗子法　　儀表縉紳家

地震屋全　　元史

李忠晉寧人幼孤事母至孝大德七年地大震郇保山移所過居民廬舍皆摧壓傾圮將近忠家分為二行五十餘步復合忠家獨完

地震山移會　居民屋盡摧
李忠能盡孝　天特與分開

二百卌孝圖
卷

析居復合　　　　元史

吴思達蔚州人兄弟六人嘗以母命析居思達為開平縣主簿父卒還家泣告其母曰吾兄弟别處十餘年今多破產以一母所生忍使兄弟苦樂不均邪即以家財代償其逋更復共居宅後柳連理人以為友義所感

析箸十餘年　多亡劇可憐
六人均苦樂　老母更歡然

歌舞悅親

元史

劉通亳州譙縣人家貧業農母卜氏好聲樂每眩技者簫鼓至門必令娛侍或自歌舞以悅母心卜氏目失明通誓斷酒肉禱之三十年不懈母目復明

莫道農家子　偏能悅母心
門前簫鼓至　歌舞共愔愔

拜虎岡　　　　明史

包實夫進賢人授徒數十里外途遇虎銜衣入林中釋而蹲實夫拜請曰吾被食命也如父母失養何虎即舍去後人名其地為拜虎岡

學舍歸來晚　奔馳為養親

此情堪告虎　虎豈定傷人

二百卌孝圖
卷

誥命貤親　　　　　　　　　　明史

蕭省身泰和人永樂二年進士歷官河南右布政使政化大行洪熙元年考滿當給誥命省身奏父年八十餘願以給父帝嘉而許之後遂為例居河南十二年治行與李昌祺等

方移孝作忠　　復以忠為孝

誥命給吾親　　此例堪垂教

母依為命　　明史

沈周字啟南長洲人幼篤學書無所不覽文摹左氏詩擬白居易蘇軾陸游字仿黄庭堅並為世所愛重尤工於畫評者謂為明世第一四方名士過從無虛日風流文采照映一時奉親至孝父歿或勸之仕對曰若不知母氏以我為命邪奈何離膝下先後巡撫王恕彭禮咸禮敬之欲留幕下並以母老辭周以母故終身不遠遊母年九十九而終周亦八十矣

先生具此才　富貴逼人來

膝下承歡永　三公豈易哉

二百卌孝圖
卷

迎養繼母　　明史

歸鉞字汝威嘉定人早喪母父娶繼妻有子鉞遂失愛父偶撻鉞繼母輒索大杖與之曰毋傷乃翁力也家貧食不足每炊將熟即譖譖數鉞過父怒而逐之其母子得飽食鉞饑困匍匐道中比歸輒復杖之及父卒母益擯不納因販鹽市中時私從其弟問母飲食致甘鮮焉歲大饑母不能自活鉞涕泣奉迎母內自慚不欲往然以無所資迄從之鉞得食先母弟而已有饑色弟尋卒鉞養母終其身

大杖何能避　兒心自可原
歲饑迎母返　猶可奉晨昏

誦史安父　明史

劉𥡴字誠吾中部人父爾完歷知商邱名山有學行𥡴性至孝聽母歿於名山四千里扶櫬過劍閣雲棧以肩任之父少寐好聽史記𥡴每夕朗誦俟父熟寢乃已崇禎四年賊陷中部𥡴負父走免𥡴由鄉舉授登封知縣土寇為亂𥡴練壯士且守且戰寇不敢近

無母竟何恃　扶輿四千里
連雲棧閣高　中夜讀青史

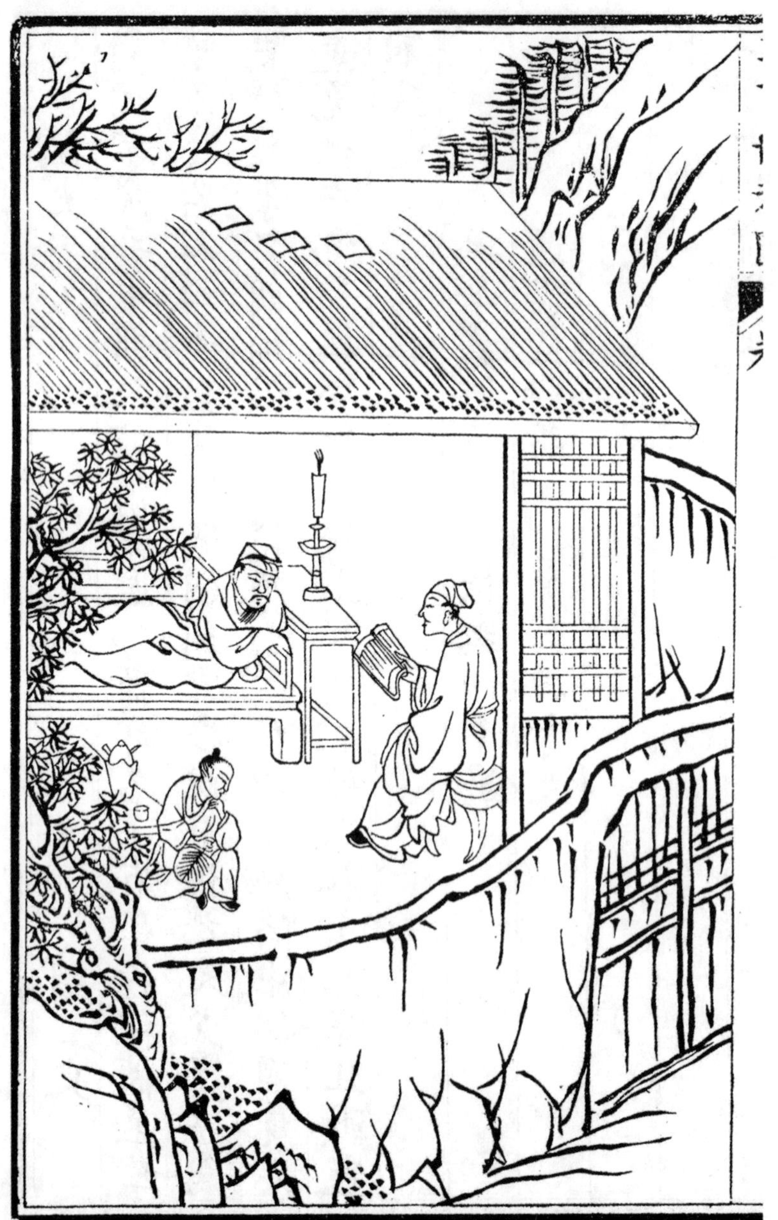

侍疾

侍疾消瘠　　漢書

趙昱琅邪人年十三母嘗病經涉三月昱慘戚消瘠至目不交睫握粟出卜祈禱泣血鄉黨稱其孝就處士東莞綦毋君受公羊傳兼該羣業至歷年潛志不闚園圃親疎希見其面時入定省父母須臾即還高潔廉正抱禮而立清英儼恪莫干其志

日夕憂親病　形容頓瘠憔
童年勤若此　虐疾自應消

為親吮膿　　晉書

李班字世文蜀王蕩第四子也蕩死弟雄僭位後立班為太子班謙虚博納敬愛儒賢自何黙李釗班皆師之時諸李子弟皆尚奢靡而班常戒厲之及雄寢疾生瘍於頭身多金瘡及病舊痕皆膿潰諸子越等惡而遠之獨班晝夜侍側不脱衣冠親為吮膿雄召建寧王壽受遺詔輔政及卒班即位尋為雄子李期所弒

病後金瘡潰　諸兒畏惡深
獨班勤吮咂　天道竟難諶

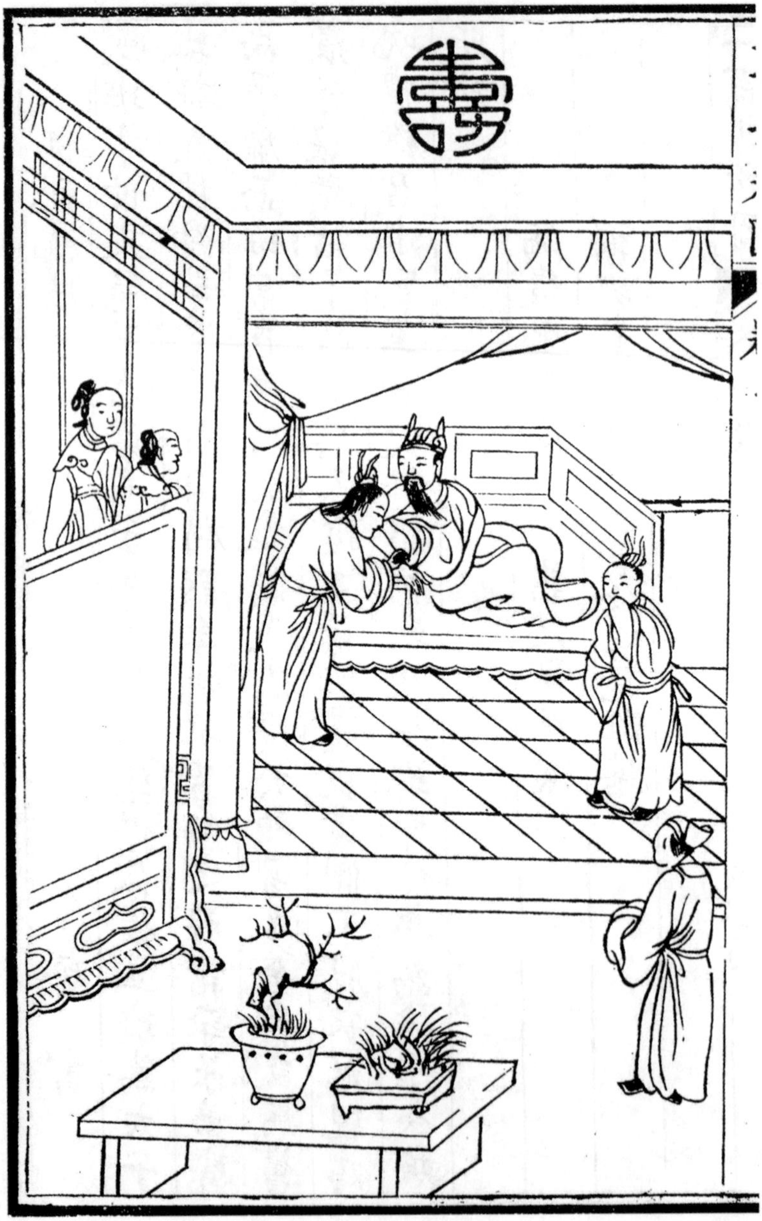

執藥眇目　　晉書

殷仲堪陳郡人也能清言善屬文每云三日不讀道德論便覺舌本間彊領晉陵太守居郡禁產子不舉久喪不葬錄父母以質亡叛者所下條教甚有義理父病積年仲堪衣不解帶躬學醫術究其精妙執藥揮淚遂眇一目居喪哀毀以孝聞

執藥椿庭久　憂來淚目揮
仲堪雖眇目　愛敬總無違

二百卅孝圖
卷二

執勞兢業

宋書

謝瞬字宣鏡陳郡陽夏人衛將軍晦之弟也幼有殊行年數歲所生母郭氏久嬰痼疾晨昏温凊和藥捧膳不闕一時勤容戚顔未嘗暫改恐僕役營疾懈倦躬自執勞為母病畏驚微踐過甚一家尊卑感瞬至性咸納屨而行屏氣而語如此者十餘年

母病懼微驚　閨幃納屨行

一家咸感動　十載肅無聲

嘗蝦蟆膾　　宋書

張暢字少微吳郡人晉琅邪王郎中令禕子也暢少與從兄敷演鏡齊名為後進之秀弟牧嘗為猘犬所傷醫云宜食蝦蟇膾牧甚難之暢含笑先嘗牧因此乃食創亦即愈

瘈犬忽猖狂　無端弟被傷

蝦蟆誠可愈　含笑為先嘗

伏户問安　　南齊書

虞悰字景豫會稽餘姚人少以孝聞父秀之病不欲見人雖子弟亦不得前時悰年十二晝夜伏户問内豎消息悶未知轉嗚咽流涕如此者百餘日及亡終喪日惟食麥餅二枚後歷治中别駕黄門郎

父病不親人　髫年伏户頻
未知安與否　嗚咽十餘旬

老翁示笋　　南齊書

劉靈哲字文明平原人光祿大夫懷珍次子也歷官齊郡太守所生母嘗病靈哲躬自祈禱夢見黄衣老公曰可取南山竹笋食之疾立可愈靈哲驚覺如言而疾瘳嫡母崔氏及兄子景煥爲魏所獲靈哲布衣蔬食不聽音樂懷珍卒當襲爵靈哲固辭以兄子在魏無容越當茅土朝廷義之靈哲傾産贖崔及景煥累年不能得武帝哀之爲請於魏景煥得還襲爵靈哲位兗州刺史

母病醫無術　南山竹笋嘉

傾財求嫡姪　孝義達天家

沙門遺瓜　南齊書

滕曇恭豫章南昌人也年五歲母楊氏患熱思食寒瓜土俗所不產曇恭歷訪不能得銜悲哀切俄遇一沙門問其故曇恭具以告沙門曰我有兩瓜分一相遺還以與母舉室驚異時號為滕曾子

熱病想寒瓜　嚴冬詎可賒

沙門何處得　分贈息悲嗟

三百卅孝圖
卷二

不食檳榔　　南史

任昉字彥昇樂安博昌人孝友純至每侍親疾衣不解帶湯藥飲食必先經口王儉領丹陽尹引為主簿以父喪去官昉父遙本性重以檳榔為常餌臨終嘗求之剖百許口不得好者昉亦所嗜好深以為恨遂終身不嘗檳榔

湯藥必先嘗　椿萱痛未央

居恆思所嗜　臨歿剖檳榔

二百卅孝圖

訪丁公藤　　南史

解叔謙字楚梁鴈門人也母有疾叔謙夜於庭中祈禱聞空中語云此病得丁公藤爲酒便差即訪醫及本草注皆無識者乃求訪至宜都郡遥見山中老公伐木問之荅曰此丁公藤療風尤驗叔謙便拜求公以四段與之并示以漬酒法謙叔依法爲酒母病即差

哀禱明神牖　　丁公藤作酒
辛勤歷遠山　　訪得良非偶

孝友兼隆　　梁書

張宏策字真簡范陽方城人幼以孝聞母嘗有疾五日不食宏策亦不食母彊為進粥宏策乃食母所餘遭母憂三年不食鹽菜兄弟友愛不忍暫離雖各有室常同卧起世比之姜肱兄弟

母食方能食　兄眠與共眠

鄉鄰推孝友　宏策允稱賢

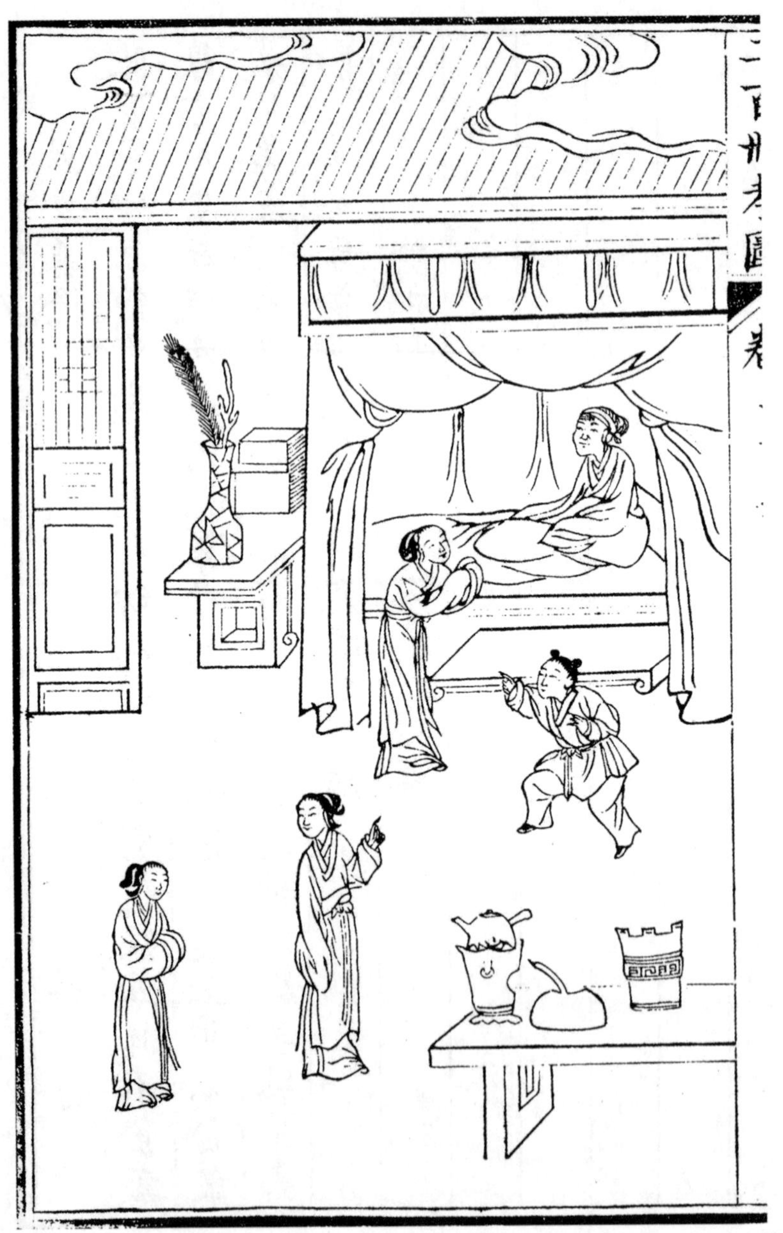

隨鹿得薓　　南史

阮孝緒字士宗陳留尉氏人少好學徧通五經嘗於鍾山聽講母王氏忽有疾兄弟欲召之母曰孝緒至性冥通必當自到果心驚而反鄰里嗟異之合藥須得生人薓舊傳鍾山所出孝緒躬歷幽險累日不逢忽見一鹿前行孝緒感而隨後至一所滅就視果獲此草母得服之遂愈（薓音森通作蓡蔘俗作參）

萱堂方有疾　孝緒已驚心
大藥連朝覓　鍾山鹿化薓

二百卌孝圖　卷二

先試針灸　　南史

庾沙彌潁川鄢陵人晉司空冰元孫也母劉氏寢疾沙彌晨昏侍側衣不解帶或應針灸輒以身先試及母亡水漿不入口累日劉好噉甘蔗沙彌遂不食焉宗人都官尚書詠表言其狀梁武帝嘉之以補歙令遷邵陵王參軍復丁所生母憂喪濟浙江中流遇風舟將覆沙彌抱柩號哭俄而風息時稱孝感

在禮惟嘗藥　沙彌更試針
佳哉甘蔗境　阿母向時歆

二百卅孝圖
卷二

得紫石英　　北史

梁彥光字修芝安定烏氏人也少岐嶷有至性其父顯每謂所親曰此兒有風骨當興吾宗七歲時父遇篤疾醫云餌五石可愈時求紫石英不得彥光憂悴不知所為忽於園中見一物彥光不識怪而持歸即紫石英也咸以為孝感所致

大藥多方購　惟缺石英紫

園中俯拾歸　人病不求耳

二百卅孝圖　卷二

夜禱愈疾

南史

韓懷明上黨人也十歲時母患尸疰發輒危殆懷明夜於星下稽顙祈禱忽聞空中語云童子母須臾永差無勞自苦未曉而母平復懷明家貧常肆力以供甘脆嬉怡膝下朝夕不離母側母年九十以壽終懷明水漿不入口一旬號哭不絶聲有雙白鳩巢其廬上字乳馴狎若家禽焉服釋乃去

夜半禱神明　須臾母疾平

九旬登上壽　稍竭蓼莪情

食侯祖母

南 史

謝貞字元正陳郡陽夏人散騎常侍藺子也有至性祖母阮氏先苦風眩每發一二日不能飲食貞時年七歲祖母不食貞亦不食往往如此母王氏授以論語孝經讀訖便誦八歲為春日閑居詩從舅王筠奇之曰至如風定花猶落乃追步惠連矣後魏克江陵入長安侍周武帝弟趙王招讀招聞其獨處必涕泣私問知母在鄉招面奏武帝乃放貞還

祖母未能飧　孫兒忍舉膳
他日得尊官　詎復生貪戀

立吮乳癰　　北史

柳霞字子昇河東解人有至性初爲州主簿其父卒於揚州霞自襄陽奔赴六日而至毀悴不可識及奉喪西歸中流風起舟人失色霞抱棺哀號風止浪息其母嘗乳間發疽醫云病無可救之理唯得人吮膿或望微止其痛霞應聲即吮旬日遂瘳咸以爲孝感所致

吮癰療母病　乳哺嬰兒性
赤子大人心　柳霞真可敬

二百卌孝圖
卷二

孝經愈疾　　南史

徐份東海郯人太子少傅陵次子也性至孝陵嘗疾篤份燒香涕泣跪誦孝經日夜不息如是者三日陵疾豁然而愈皆謂孝感所致份爲海鹽令有政績入爲太子洗馬

世好浮屠法　安知信孝經
誦來親病愈　貝葉愧無靈

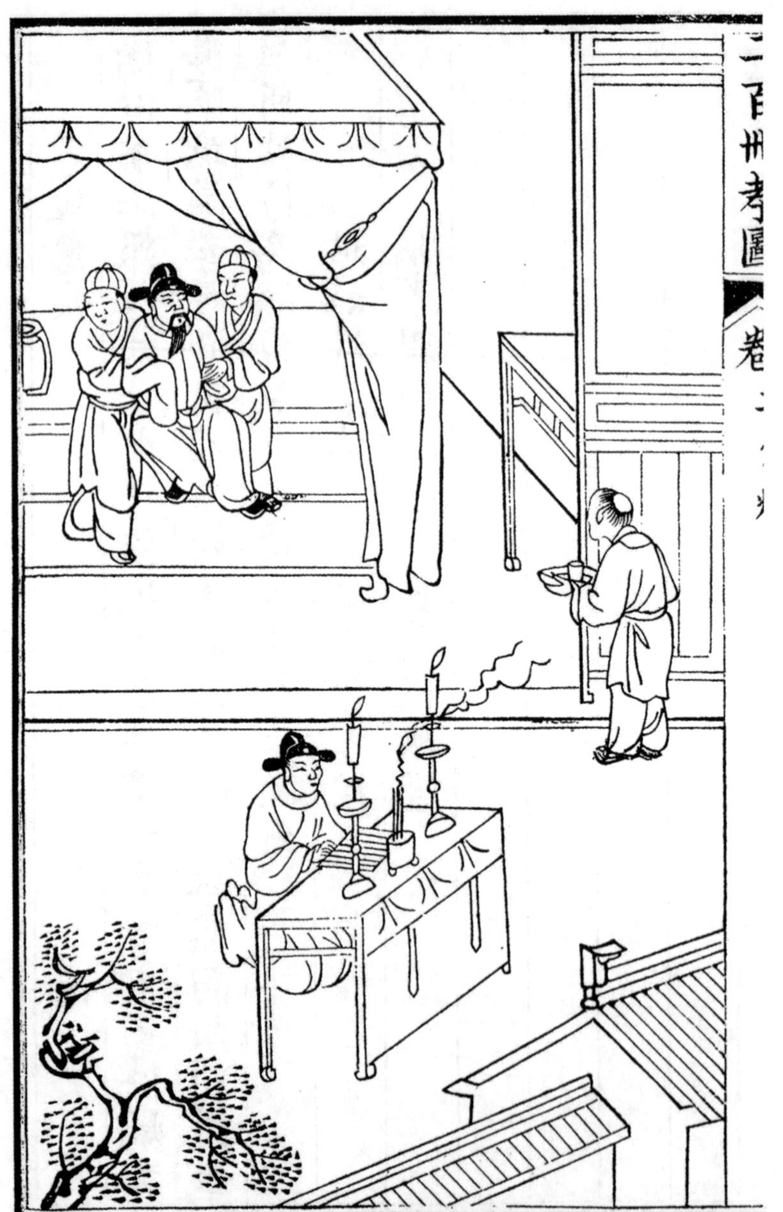

請嘗灸炷　　隋書

趙王杲小字季子煬帝少子也性至孝嘗見帝風動不進膳杲亦不食又蕭后當灸杲先請試炷后不許杲泣請曰后所服藥皆蒙嘗之今灸願聽嘗炷悲咽不已后竟為停灸及宇文化及弑逆杲在側號慟不巳裴虔通斬之時年十二

嘗藥兼嘗炷　髫年論特奇
乃翁原大逆　何德庇佳兒

吮瘡注藥　　唐書

支叔才定州人隋末荒饉夜丐食野中欲還進母為賊所執將殺之告以情賊閔其孝為解縛母病癰叔才吮瘡注藥乃亡廬墓有白鵲止廬傍

不幸值凶荒　求蔬遇賊狂
人皆憐孝子　為母吮癰瘍

獺銜藥魚　唐書

張士巖父病藥須鯉魚冬月冰合有獺銜魚至前得以供父父遂愈母病癰士巖吮血父亡廬墓有虎狼依之

冰合豈能開　求魚獺獻來

吮癰旋得愈　誠意普埏垓

二百卅孝圖
卷

得祖母歡　　唐書

劉審禮彭城人同州刺史德威子也少喪母為祖母元氏所養隋末德威從裴仁基討擊道路不通審禮年未弱冠自鄉里負載元氏渡江避亂及天下定始西入長安元氏若有疾審禮必親嘗湯藥元氏顧謂孫曰我兒孝順貫徹幽微吾一顧念宿疾頓輕貞觀中歷左驍衛郎將丁父憂去職及葬跣足隨車流血灑地行路稱之服闋當襲爵累表讓弟朝議不許

負戴避兵荒　微痾藥必嘗

慈親憐孝順　顧念疾旋忘

二百卌孝圖
卷二

解冤奔赴　　唐書

裴敬彝絳州聞喜人少聰敏七歲解屬文年十四侍御史唐臨爲河北巡察使敬彝父智周時爲內黃令爲部人所訟敬彝詣臨論其冤臨大奇之智周事得釋特表薦敬彝補陳王府典籤智周在官暴卒敬彝時在長安忽泣涕不食謂所親曰大人每有痛處吾即輒然不安今日心痛手足皆廢事在不測得無戚乎遂請急還倍道言歸果聞父喪羸毀逾禮事母復以孝聞乾封初累轉監察御史

父冤兒釋冤　父痛兒知痛

請告疾馳歸　果得憑棺慟

二百卌孝圖
卷一

母病心痛　　唐書

張志寬蒲州安邑人居父喪哀毀州里稱之王君廓兵略地不犯其閭倚全者百許姓後為里正忽詣縣稱母有疾求急令問狀對曰母有疾志寬輒疾向患心痛知母有疾令謂其妄繫於獄馳驗如言乃慰遣之及母終廬於墓側負土成墳手蒔松柏

擾攘兵戈際　風聲護井閭

痛心知母病　請急諒非虛

二百卌孝圖
卷二

擢第歸養　　唐書

元讓雍州武功人也弱冠明經擢第以母疾遂不求仕躬親藥膳承侍致養不出閭里者數十餘年及母終廬於墓側蓬髮不櫛沐菜食飲水而已巡察使奏讓孝悌殊異擢拜太子右內率府長史

紫禁登科日　高堂奉母年
肥甘朝夕奉　何啻大羅仙

笞掠流血　　唐書

劉敦儒徐州彭城人母病狂易非笞掠人不能安左右皆亡去敦儒日侍疾體常流血母乃能下食敦儒怡然不為痛隱留守韋夏卿表其行詔標闕於閭及母亡居喪毀瘠骨立洛中謂之劉孝子元和中東都留守權德輿具奏其至行詔授左龍武軍兵曹參軍分司東都

阿母病心狂　鞭笞孰敢當

兒身流血後　庶可進膏粱

二百卌孝圖
卷

七日不食　　唐書

段秀實字成公本姑臧人曾祖師濬仕為隴州刺史留不歸更為汧陽人秀實六歲母疾病不勺飲至七日病間乃肯食時號孝童及長沈厚能斷慨然有濟世意舉明經其友易之秀實曰搜章擿句不足以立功乃棄去從安西節度使馬靈詧討護密有功授安西府別將

六歲人稱孝　晨餐覘母貌

他日擊元凶　大節誰能傚

夢得父書

宋史

唐伯虎字長儒眉州丹稜人也治易春秋皆有家法其父游瀘南伯虎兄弟居母喪於丹山伯虎夜半蹴其弟庚曰吾夢收父書發之得亟來二字吾父得無他乎吾心動矣汝奉母奠朝夕吾趍瀘南黎明走洪川僦舟三日半至瀘南父果病甚見伯虎大驚問其故具告之父歎曰天告汝也是日疾少間伯虎具舟侍父以歸居數日疾復作遂卒時人以為孝感

孝弟通神明　書來夢自驚

扁舟歸棹急　猶得返宗祊

二百卌孝圖
卷

觸物痛心　　宋史

張根字知常饒州德興人第進士調遂昌令當改京秩以四親在堂冀以父母之恩封大父母而貤妻封及母遂致仕得通直郎如其志根性至孝父病蠱戒鹽根為食淡母嗜河豚及蟹母終根不復食母方病每至雞鳴則少蘇後不忍聞雞聲本道使者上其行義徽宗召詣闕擢通判杭州提舉江西常平

登第沐皇恩　貤封大父存
白鹽猶欲戒　況忍食河豚

二百卌孝圖

神泉洗目　　元史

楊皞扶風人母牛氏嘗病劇皞叩天求代遂痊如是者再後牛氏失明皞登太白山取神泉洗之復如故牛氏歿哀毀特甚葬之日大雨獨皞墓前後數里密雲蔽之雨不沾土送者大悦

躬祈病再痊　洗目取神泉

墓上濃雲護　欣欣弔客旋

禱益母壽　　元史

李茂大名人徙居揚州母嘗病目失明茂禱於泰安山三年復明又願母壽每夕祝天乞損己年益母母年八十四而歿居喪哀慟聞者傷之揚州再火延燒千餘家火及茂廬皆風返而滅

籲禱目能明　哀祈壽克宏

燒來風滅火　至孝感神明

雪天得瓜

元史

王薦福寧人父嘗疾甚薦夜禱於天願減己年益父壽父絕而復甦告其友曰適有神人黃衣紅帕語我曰汝子孝上帝命錫汝十二齡疾遂愈後果十二年而卒母沈氏病渴語薦曰得瓜以啖我渴可止時冬月求於鄉不得行至深奥嶺值大雪薦避雪樹下思母病仰天而哭忽見巖石間青蔓離披有二瓜焉因摘歸奉母母食之渴頓止

至孝格幽冥　皇天許錫齡

嚴寒深雪裏　瓜瓞更青青

嘗糞驗疾　　元史

杜佑邳州人為三叉水馬站提領父成病於家佑忽心驚舉體沾汗即棄職歸父病始三日遂禱神求代且嘗糞以驗疾父卒廬墓盡哀有馴兔之瑞

父病未相諏　心驚更汗流
馳歸勤奉侍　豈讓庾黔婁

禱天祈代　　元史

尹莘汴梁洧州人遊學於京師忽夢母疾心恠之馳歸母已亡居廬蔬食每雞鳴而起手治祭饌詣墓所哭奠之風雪不廢父輔臣嘗病疫莘侍奉湯藥衣不解帶嘗其糞以驗差劇夜則禱於天曰莘母亡不能見父病不能治為人子若此何以自立於世願死以代父命數日果愈

心驚母已亡　何堪父又殃
禱天祈永命　果得壽而康

吮癰舐目　元史

孫瑾鎭江丹徒人父喪哀毁嚴冬跣足而步停柩四載衣不解帶事繼母尤孝嘗患癰瑾親吮之又喪目瑾舐之復明母卒卜日將葬時春苦雨瑾夜號天乞霽至旦雲日開朗甫掩壙陰氣復合雨注數日不止

嚴冬跣足行　癰消目復明
雲開天日朗　豈獨鬼神驚

二百卅孝圖
卷二

守母被傷　元史

張恭偃師人署鷹房府案牘母老辭歸侍養歲凶恭夫婦採野蔬為食而營奉甘旨無乏母病恭手除溷穢喂哺飲食且嘗糞以驗病勢天歷初西兵至河南居民悉竄恭守視母病項中一劍不去母驚悸而歿恭居喪盡哀有馴兔之瑞

念母求歸養　歸來歲轉凶
營求甘旨奉　豈復畏兵鋒

鯉躍入舟　　　　　　　　　　　元史

龐遵永平人母病腫三年不能起忽思食魚遵求於市不得歸途嘆恨忽有鯉躍入其舟作羹以獻母悅病瘥

病腫已三年　求魚市乏鯿

歸舟欣鯉躍　頓使宿痾痊

夏日求冰　元史

湯霖龍興新建人早孤事母至孝母嘗病熱更數醫弗能效母不肯飲藥曰惟得冰我疾乃可愈爾時天氣甚燠霖求冰不得累日號哭於池上忽聞池中戛戛有聲拭淚視之乃冰澌也亟取以奉母其疾果愈

阿母熱非常　炎天火傘張
求冰號哭久　戛戛起寒塘

獐來入室　　明史

周炳彝陽人事母焦氏至孝溫凊定省無違禮母嘗病甚炳哀號籲天願以身代母又思獐肉炳四出求之弗得哀痛愈切晚忽有獐入其室殺以啖母病遂愈事聞洪武中旌表其門

母病忽思獐　尋求四出忙

一朝投入室　從此獲康彊

二百卌孝圖
卷

家烏攫魚　　明史

姚玭松江人元末奉母避兵阻河不可渡母泣曰兵至吾誓不受辱遂沈於水玭急投水救之負母而出竟奉以免後母疾思食魚暮夜無從得家養一烏忽飛去攫魚以歸洪武初行省聞其賢辟之以親老不就

避亂保萱幃　何堪虐疾威
慈烏知孝順　矯翼攫魚歸

採藤遇虎

明史

師逵字九達東阿人少孤事母至孝年十三母疾思藤花菜逵出城南二十餘里求得之及歸夜二鼓遇虎逵驚呼天虎舍之去母疾尋愈洪武中以國子生從御史出按事為御史所劾逮至帝偉其觀釋之謫御史臺書案牘久之擢御史遷陝西按察使獄囚淹繫千人浹旬盡決遣悉當其罪母憂去官廬墓不飲酒食肉者三年

母病欲藤花　嬌兒遠出拏
夜中偏遇虎　應有鬼神遮

二百卅孝圖
卷

謹侍兄疾

明史

韓邦靖字汝度，朝邑人。與兄邦奇同登進士，歷官山西左參議，分守大同。歲饑，人相食，奏請發帑，不許，遂乞歸，不待命輒行。軍民遮道泣留。抵家病卒，年三十六。未幾，邦奇亦以參議莅大同，父老因邦靖故，前迎皆泣下。邦奇亦泣。邦奇嘗廬居病，歲餘不能起，邦靖藥必分嘗，食飲皆手進。後邦奇病亟，邦奇曰弟泣，邦靖不解衣者三月。及沒，衰絰蔬食，終喪弗懈。鄉人為立孝弟碑。

兄弟本聯芳　沈疴藥必嘗

十旬衣不解　孝友孰能方

侍疾卧榻

明史

王敬臣字以道長洲人江西參議廷子也十九為諸生受業於魏校性至孝父疽發背親自吮舐父老得瞀眩疾敬臣卧於榻下夜不解衣微聞謦欬聲即躍起問安事繼母如事父妻失母歡不入室者十三載

父病莫能支　何容頃刻離

終宵眠榻下　子職信無虧

二百卅孝圖
卷

二百卌孝圖卷三

肅州胡文炳虎臣輯　安康謝仁澍韻梧書

奉終

執喪化人

高柴字子羔一作子皐齊人長不過六尺狀貌甚惡為人篤孝而有法正執親之喪泣血三年未嘗見齒君子以為難檀弓成人有其兄死而不為衰者聞子皐將為成宰遂為衰成人曰蠶則績而蟹有匡范則冠而蟬有緌兄則死而子皐為之衰

泣血三年後　躬行化本端
成人先革面　肅肅借緌冠

椎牛祭墓

韓詩外傳曾子曰往而不可還者親也至而不可加者年也是故孝子欲養而親不待也木欲直而時不待也是故椎牛而祭墓不如雞豚之逮親存也吾嘗仕齊為吏祿不過鍾釜尚猶欣欣而喜者樂其逮吾親也既歿之後南游於楚得尊官焉堂高九尺榱題三圍轉轂百乘猶北鄉而涕泣者悲不逮吾親也故家貧親老不擇官而仕若夫信其志約其親者非孝也

早潔雞豚膳　親年不可留

傷哉華轂返　祭墓始椎牛

抱棺息火　　　　　　漢書

蔡順字君仲汝南人也事母至孝井桔槔朽在母生年上而順憂不敢理之俄而有扶老藤生繞之遂堅固焉母年九十以壽終未及得葬里中災火將逼其舍順抱伏棺柩號哭叫天火遂越燒他室順獨得免太守韓崇召為東閤祭酒母平生畏雷自亡後每有雷震順輒圜冢泣曰順在此

母年同桔槔　藤結九旬牢

哭叫災方息　天聽本不高

廬墓致祥　　　漢書

蔡邕字伯喈陳留圉人也性篤孝母常滯病三年邕自非寒暑節變未嘗解襟帶不寢寐者七旬母卒廬於冢側動靜以禮有兔馴擾其室傍又木生連理遠近奇之多往觀焉與叔父從弟同居三世不分財鄉黨高其義

篤孝蔡中郎　萱幃侍疾忙

七旬衣不解　廬墓更多祥

展書畫柩

吳志

顧悌字子通吳人丞相雍之族也以郡吏除郎中遷偏將軍父向歷四縣令年老致仕悌每得父書常灑埽整衣服更設几筵舒書其上拜跪讀之每句應諾畢後再拜若父有疾耗之問至則臨書垂涕聲語哽咽父以壽終悌飲漿不入口五日吳主為作布衣一襲皆摩絮著之强令悌釋服悌雖以公議自割猶以不見父喪常畫壁作棺柩象設神座於下每對之哭泣

開筵展父書　句句面承如

一旦傳凶問　傷哉畫柩歟

哀感母蘇　　　　　　　　晉書

張嵩隴西人也事母至孝母死既葬廬於墓側哀感幽顯歲餘

而墓地自裂棺亦自破母遂蘇活

秦諜蘇六日　張母活逾年

此理何由測　無非孝格天

撫棺免燒　　　　　　　　　　　　晉書

何琦字萬倫廬江灊人司空充之從兄也年十四喪父哀毀過禮性沈敏有識度好古博學居於宣城陽穀縣事母孜孜朝夕色養常患甘鮮不贍乃為郡主簿察孝廉除郎中及丁母憂居喪泣血杖而後起停柩在殯為鄰火所逼煙焰已交家乏僮使計無從出乃匍匐撫棺號哭俄而風止火息堂屋一間免燒其精誠所感如此

不幸二親亡　停棺藉草堂
忽遭回祿變　號哭感蒼蒼

雙鶴助哀　　晉書

吳隱之字處默濮陽鄄城人美姿容善談論博涉文史有清操年十餘丁父憂每號泣行人為之流涕事母孝謹及其執喪哀毀過禮家貧無人鳴鼓每至哭臨之時恆有雙鶴驚叫與太常韓康伯鄰居康伯母殷每聞隱之哭聲輟飡投筯為之悲泣既而謂康伯曰汝若居銓衡當舉如此輩人及康伯為吏部尚書隱之遂階清級解褐輔國功曹轉參征虜軍事

吳隱持清操　童年孝致哀
時聞雙鶴叫　鄰母為徘徊

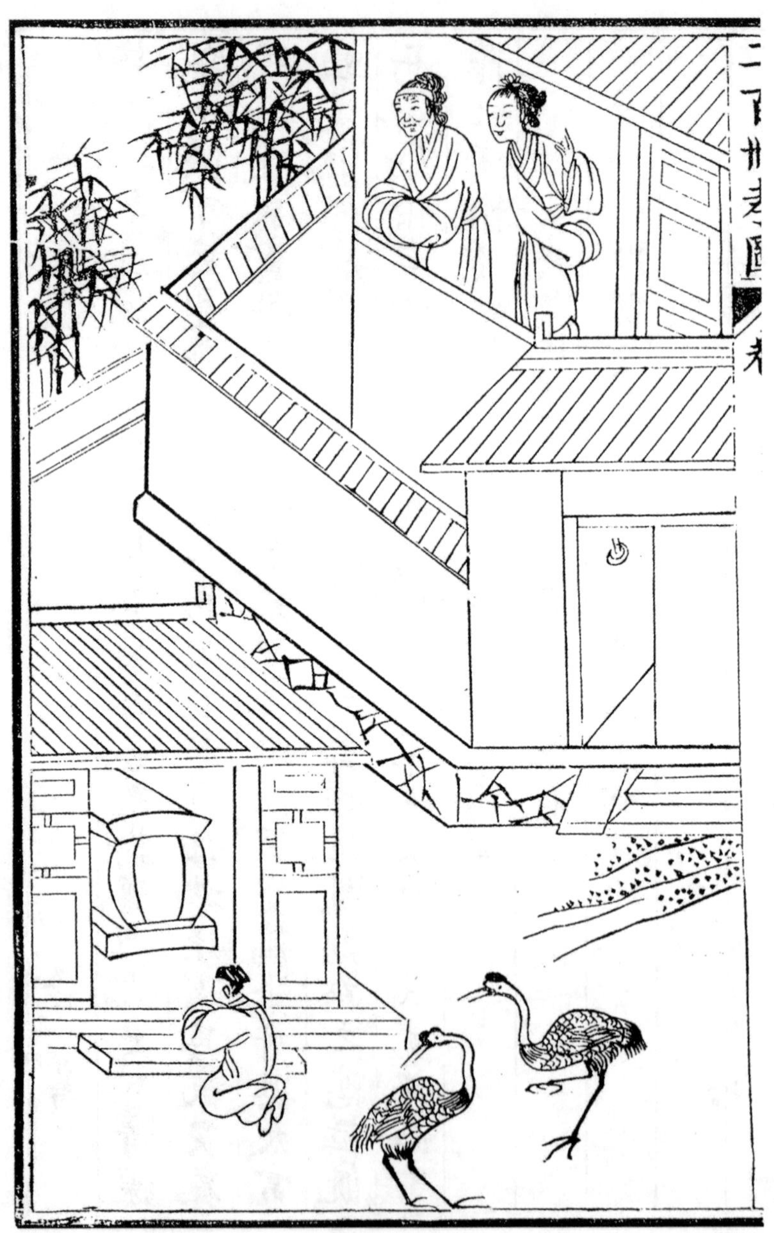

竈下生泉　　宋書

王彭盱眙直瀆人父母卒家貧無以營葬兄弟二人晝則傭力夜則號感鄉里並哀之乃各出夫力助作塼塼須水而天旱穿井數十丈泉不出墓處去淮五里荷擔遠汲困而不周彭號天自訴如此積日一旦大霧霧歇塼竈前忽生泉水鄉鄰歎異太守劉伯龍奏改其里為通靈里蠲租布三世

作墓須作塼　無水衹呼天
神靈矜孝德　竈下特生泉

冒浪覓棺　　宋書

謝述字景先小字道兒兄純為劉毅長史兵敗遇害述奉純喪還都至西塞遇暴風喪舫流漂不知所在述乘小船尋求經純妻庾舫過庾遣人謂曰小郎去必無及豈可存亡俱盡邪述號泣答曰若安全至岸尚須營理如其已致意外述亦無心獨存因冒浪而進見純喪幾沒述號叫呼天幸而獲免咸以為精誠所致

風濤千丈湧　喪舫乍漂流

扁舟堪破浪　謝述勇無儔

夢母賜藥

宋書

邱傑字偉跱吳興烏程人也年十四遭喪以熟菜有味不嘗於口歲餘忽夢見母曰死止是分別耳何事乃爾荼苦汝噉生菜遇蝦蟇毒靈牀前有三丸藥可取服之傑驚起果得甌甌中有藥服之下科斗子數升而愈

不忍嘗甘味　蝦蟆毒入喉

慈親陰慰祐　荼苦即時瘳

冒刃抱尸　　　　南史

楊公則字君翼天水西縣人也父仲懷為豫州刺史殷琰將叛輔國將軍劉勔討琰仲懷力戰死於橫塘公則隨父在軍年未弱冠冒陣抱尸號哭氣絶勔命還仲懷首公則斂畢徒步負喪歸鄉里由此著名

父戰沙場死　兵戈正險巇
弱年楊公則　竟得抱全尸

抱痛染衣　　南史

陶季直丹陽秣陵人也祖愍祖廣州刺史父景仁中散大夫季直早慧愍祖甚愛異之嘗以四函銀列置於前令諸孫各取其一季直時年四歲獨不取曰若有賜當先父伯不應度及諸孫故不取愍祖益奇之五歲喪母哀若成人初母未病令於外染衣卒後家人始贖季直抱之號慟聞者莫不酸感及長好學澹於榮利後為望蔡令以病免

四歲能讓銀　五齡背母親

染衣方取轉　抱慟倍酸辛

營墓執勤　　宋書

郭原平字長恭會稽永興人傭力以養親主人設食原平自以家貧父母不辦有肴味惟餐鹽飯而已若家或無食則虛中竟日義不獨飽須日暮作畢受直歸家然後舉爨父抱篤疾原平衣不解帶者踰積寒暑父亡哭踊慟絶以爲奉終之義情禮所畢營壙凶功不欲假人而不解作墓乃訪邑中有營墓者助人運力久乃閑練又自賣十夫以供衆費窀穸之事儉而當禮

父母無肴味　甘肥義不餐

奉終營壙墓　助作練無難

救棺焚死　　　　　南史

賈恩會稽諸暨人也母亡居喪過禮未葬爲鄰火所逼恩及妻柏氏號哭奔救鄰近赴助棺櫬得免恩及柏俱燒死有司奏改其里爲孝義里蠲租布三世

母亡猶未葬　鄰災禍賈恩
夫妻投烈燄　幸得一棺存

追服終身　　　　南　史

楊引鄉郡襄垣人也三歲喪父為叔所養母年九十三卒引年七十五哀毀過禮三年服畢恨不識父追服斬衰食粥粗服誓終身命經十三年哀慕不改為郡縣鄉閭三百餘人上狀稱美有司奏宜旌賞復其一門樹其純孝

行年七十五　　尚復追何怙
大孝慕終身　　斯人猶可數

孝圖
卷

種瓜營葬　　南史

韓靈敏會稽剡人也早孤與兄靈珍並有孝性母尋又亡家貧無以營凶兄弟共種瓜朝採瓜子暮生已復遂辦葬事

愧乏營凶力　相謀共種瓜

綿綿生不絶　辦葬實堪誇

二百卅孝圖
卷

兄弟守禮　　　　　　魏書

房景伯字長暉清河東武城人為尚書儀曹郎景伯性和厚涉獵經史諸弟宗之如事嚴親弟亡蔬食終喪期不內御憂毀之容有如居重其次弟景先亡其幼弟景遠期年哭臨亦不內寢鄉里為之語曰有義有禮房家兄弟

兄能慈厥弟　弟更愛其兄
服期如服重　謠語定鄉評

縛衣護柩　南史

袁昂字千里陳郡陽夏人雍州刺史顗子也顗敗徙晉安元徽中聽還時年十五顗之敗也傳首建業藏於武庫以漆題顗名以為誌至是始還之昂號慟嘔血絕而復蘇以流涙洗所題漆字皆滅人以為孝感葬訖更制服廬於墓次後為豫章內史丁所生母憂去職以喪還江路風潮暴駭昂乃縛衣著柩誓同沈溺及風止餘船皆沒唯昂船獲全咸謂精誠所致

滴涙堪融漆　聯衣可鎮潮
袁昂多孝感　名德冠羣僚

聞箏悲感

南史

張稷字公喬光祿大夫瓌弟也幼有孝性所生母劉氏無寵遘疾時稷年十一侍養衣不解帶每劇則累夜不寢及終毀瘠過人杖而後起州里謂之純孝長兄瑋善彈箏稷以劉氏先執此使聞瑋為清調便悲感頓絕遂終身不聽之

純孝稱張稷　憂勞毀瘠并
三年仍倚杖　一世不聽箏

安渡瞿塘

梁書

庾子輿字孝卿新野人巴西太守域子也梁初為尚書郎天監三年父域守巴西子輿求侍養詔許之父卒子輿奉喪還鄉秋水猶壯巴東有淫預石高出二十許丈及秋至則纔如見焉次有瞿塘大灘行旅忌之部伍至此石猶不見子輿撫心長叫其夜五更水忽退減安流南下及度水復舊行人語曰淫預如幞本不通瞿塘水退為庾公

淫預大如馬　濁浪奔騰瀉

庾公扶柩來　舟人不須假

感及禽獸　　梁書

司馬暠字文昇河内温人父子產即武帝外兄也暠年十二丁内艱哀慕過禮服闋入見帝見其羸疾歎息久之謂其父曰昨見羅兒面顔憔悴使人惻然便是不隧家風為有子矣後遷正員郎丁父艱哀毀逾甚廬於墓側日進薄麥粥一升墓在新林連接山阜舊多猛虎暠結廬數年豺虎絶迹常有兩鳩棲宿廬所馴狎異常

稺齒遽丁艱　何堪服闋孱
鳩來豺虎去　孝德薄雲山

二百卌孝圖
卷三

田閭止雹　　梁書

王崇字乾邕陽夏雍邱人也兄弟並以孝稱身勤稼穡以養二親仕梁州鎮南府主簿母亡杖而後起鬢髮墮落未及葬權殯宅西崇廬於殯所晝夜哭泣鳩鴿羣至有一小鳥素質黑眸形大如雀栖於崇廬朝夕不去母喪始闋復丁父憂哀毀過禮是年陽夏風雹所過之處禽獸暴死草木摧折至崇田畔風雹便止禾麥十頃竟無損落及過崇地風雹如初守令聞之親自臨州以聞奏標其門閭

力穡奉高堂　哀哉殯宅荒

人驚風雹惡　崇麥獨無傷

二百卌孝圖
卷

湖内息風　　南史

阮卓陳留尉氏人也幼聰敏篤志經籍尤工五言性至孝父問道隨岳陽王出鎮江州卒卓時年十五自都奔赴水漿不入口者累日載柩還都度彭蠡湖中流遇疾風船幾没者數四卓仰天悲號俄而風息人以為孝感

髫年知守禮　遭喪不進米
風惡仰天號　安流過彭蠡

負尸求棺

南史

韋鼎字超盛京兆杜陵人徐州刺史放弟子也少通脫博涉經史起家湘東王法曹參軍遭父憂水漿不入口者五日哀毀過禮殆將滅性服闋為邵陵王主簿侯景之亂鼎兄昂於京口戰死鼎負屍出寄於中興寺求棺不得哀憤慟哭忽見江中有物流至鼎所鼎異之往視乃新棺也因以充殮咸謂精誠所感

阿兄力戰亡　遺骸不得藏
新棺流忽至　江水轉茫茫

中興寺

雪中求尸　　陳書

殷不害字長卿陳郡長平人梁元帝時為中書郎兼廷尉卿江陵之陷也不害先於別處督戰失母所在於時甚寒冰雪交下老弱凍死者填滿溝塹不害行哭道路遠近尋求無所不至遇見死人溝水中即投身而下扶捧閱視舉體凍溼水漿不入口號泣不輟聲如是者七日始得母屍不害憑屍而哭每舉音輒氣絕行路無不為之流涕即於江陵權殯自是蔬食布衣枯槁骨立見者莫不哀之

普天鬬金鐵　徧地鋪冰雪
吾母在何方　捧視肝腸絕

情禮並伸　　陳書

秦族上郡洛川人也祖白父蘿並有至性聞於閭里族性至孝事親竭力為鄉里所稱及其父喪哀毀過禮每一痛哭酸感行路既以母在恆抑割哀情以慰其母意四時珍羞未嘗匱乏與弟榮先復相友愛閨門之中怡怡如也尋而其母又沒哭泣無時唯飲水食菜而已

墓下哀兒慟　堂前慰母情
珍羞勤奉養　菽水足平生

二百卌孝圖
卷

母亡身痛　　　　　　　　　　北史

劉璠字寶義廣陵人也九歲而孤居喪合禮少好讀書兼善文筆年十七為上黃侯蕭曄所器重後隨曄在淮南璠母在建康遘疾璠弗之知嘗忽一日舉身楚痛尋而家信至云其母病璠即號泣戒道當身痛之辰即母死之日也居喪毀瘠服闋後一年猶杖而後起及曄終於毗陵故吏多分散璠獨奉曄喪還都墳成乃退宜豐侯蕭循出為北徐州刺史即請為其輕車府主簿累遷華陽太守

宦游身似夢　母痛兒知痛
故主義能敦　忠孝兩無空

髮落形枯　　南史

荀匠字文師潁陰人父法超齊中興末為安復令卒於官凶問至匠號慟氣絶身體皆冷至夜乃蘇既而奔喪服未闋兄斐起家為鬱林太守征俚賊為流矢所中死於陣喪還匠迎於豫章望舟投水傍人赴救僅而得全既至家貧不得時葬居父憂并兄服歷四年不出廬户自括髮後不復櫛沐髮皆禿落形體枯顇皮骨裁連郡縣以狀言梁武帝詔遣中書舍人為其除服擢為豫章王國左常侍

父服兼兄服　哀傷歷四年
形容枯悴甚　骨削僅皮連

受米營齋　　　　　　　　　北齊書

皇甫遐字永覽河東汾陰人遐性純至少喪父事母以孝聞保定末又遭母喪乃廬於墓側負土爲墳曉夕勤力未嘗暫停積以歲年墳高數丈周回五十餘步遐食粥枕凷櫛風沐雨形容枯顇家人不識當其營墓之初乃有鴟烏各一徘徊悲鳴不離墓側若助遐者經月餘日乃去遠近聞其至孝競以米麵遺之遐皆受而不食悉以營佛齋焉郡縣表上其狀有詔旌異之

負土積墳高　孜孜敢告勞

鄉鄰多餽贈　獻佛奏雲璈

巨麻集烏　　隋書

紐回字孝政河東安邑人也性至孝父母喪廬於墓側負土成墳廬前生麻一株高丈許圍之合拱枝葉鬱茂冬夏恒青有烏棲上回舉聲哭烏即悲鳴時人異之

孝子服縗麻　麻更生塋域
挺拔丈餘高　慈烏得棲息

烏犬隨號

隋書

翟普林楚邱人性仁孝父母疾親易燥溼不解衣者七旬及父母終哀毀殆將滅性廬於墓側負土為墳盛冬不衣繒絮唯著單縗而已家有一烏犬隨其在墓若普林哀臨犬亦悲號見者嗟異焉有二鵲巢其廬前柏樹每入其廬馴狎無所驚懼大業中司隸巡察奏其孝感擢授孝陽令

燥溼親扶掖　塋域自栽培

犬有人之性　隨號助爾哀

雪中徒跣　　隋書

李德饒字世文趙郡人少好學有至性開皇中為監察御史糾正不避權貴性至孝父母寢疾輒終日不食十旬不解衣及丁憂水漿不入口五日哀慟歐血數升送葬之日仲冬積雪行四十餘里單縗徒跣號踴幾絶會葬者莫不為之流涕後甘露降於庭樹有鳩巢其廬納言楊達巡省河北詣其廬弔慰之因改所居村名孝敬村里為和順里

德行當時重　居喪禮更殫
雪中徒跣送　孰不淚汍瀾

廬墓保鄉　隋書

華秋汲郡臨河人幼喪父事母以孝聞家貧傭賃養母母終之後遂絕櫛沐髮盡禿落廬於墓側負土成墳大業初調狐皮郡縣大獵有一兔人逐之奔入秋廬中匿秋膝下獵人至廬中異而免之自爾此兔常宿廬中後羣盜起相戒勿犯孝子鄉人賴秋而全者甚衆

負土成墳後　華秋孝德深
兔猶依膝下　羣盜忍相侵

順母節哀　　唐書

任敬臣字希古棣州人五歲喪母哀毁天至七歲問父英曰若何可以報母英曰揚名顯親可也乃刻志從學汝南任處權見其文驚曰孔子稱顔回之賢以爲弗如吾非古人然見此兒信不可及舉孝廉授著作局正字父亡數殞絶繼母曰而不勝喪謂孝可乎敬臣更進饘粥服除遷祕書郎

五歲天然孝　　揚名志顯親
父終將殞絶　　饘粥節酸辛

白狼馴墓　　唐書

程袁師宋州人母病十旬不解帶藥不嘗不進代弟戍洛州母終聞訃日走二百里因負土築墳號癯人不復識改葬曾祖以來閱二十年乃畢常有黃蛇白狼馴墓左每哭羣烏鳴翔永徽中刺史狀諸朝詔吏敦駕旣至不願仕授儒林郎還之

代弟遠從軍　萱堂訃乍聞
馳歸還負土　狎擾白狼羣

卅年不言　　唐書

梁文貞虢州閿鄉人少從征役比迴而父母皆卒文貞恨不獲終養乃穿壙爲門磴道出入晨夕灑掃其中結廬墓側未嘗暫離自是不言三十年家人有所問但書字以對其後山水衝斷驛路更於原上開道經文貞墓前由是行旅見之遠近莫不欽歎有甘露降塋前樹白兔馴擾鄉人以爲孝感所致

少小從征役　歸來背二尊
終天長此恨　守墓更何言

三百卅孝圖
卷

絶意婚宦　　唐書

李源太原文水人禮部尚書憕子也憕死安祿山之難源八歲俘為奴故吏贖出之代宗聞授河南府參軍源以父死賊手常悲憤不仕不娶絶酒葷惠林佛祠者憕舊墅也源依祠居祠殿其先寢也每過必趨未始踐階長慶初年八十矣李德裕薦之詔授左諫議大夫賜緋魚袋仍令中使齎手詔緋袍牙笏絹二百疋往宣賜源苦陳疾甚年高不能趨拜其官告服色絹皆辭不受

父死誠忠烈　兒心總泣血

祇依舊墅居　悲哉婚宦絶

露集烏翔　　唐書

林攢泉州莆田人貞元初仕為福唐尉母羸老未及迎而病攢聞棄官還及母亡水漿不入口五日自埏甓作塚廬其右有白烏來甘露降觀察使李若初遣官屬驗實會露晞里人失色攢哭曰天所降露禍我邪俄而露復集烏亦回翔詔作二闕於母墓前又表其閭蠲徭役時號闕下林家云

辭官奉母歸　廬墓致多禨

按察伻來驗　烏翔露未晞

忠孝盡禮　　　　　　　　　　唐　書

郭曜華州鄭縣人中書令子儀長子也性孝友廉謹子儀出征於外留曜治家少長千人皆得其所諸弟爭飾池館盛其車服曜以儉朴自處累遷至太子賓客建中初子儀罷兵柄乃遍加諸子官以曜爲太子少保子儀薨曜遵遺命四朝所賜名馬珍玩悉皆上獻德宗復賜之曜乃散諸昆弟曜居喪得禮若儒家子服未闋寢疾或勸其茹葱薤曜竟不屬口

珍玩獻君王　池館任昆弟

寢疾不茹葱　勳貴能守禮

羣虎護冢　　五代史

漢州奏西水縣令范義死其子文通居喪以孝聞有盜發義冢羣虎逐之文通廬於墓側虎見之弭耳而去蜀主孟昶命賜羊酒束帛以旌之

人生咸畏虎　翻憑虎禦侮

弭耳遠文通　豈如狂猰貐

廬墓拒孥

宋史

陳思道江陰人早喪父事母兄以孝悌聞鬻醯市側以給晨夕買物不酬價如所索與之母病衣不解帶飲食隨母多少母既卒結廬墓側日夜悲慟其妻時攜兒女詣之拒不與見夏則種瓜以待過客晝則白兔馴狎夜則虎豹環其廬而卧

侍疾潔晨餐　餐隨母多少

墓側本哀嚴　妻孥何得攖

慈烏銜土　宋史

周堯卿字子俞道州人警悟强記以學行知名年十二喪父哀戚如成人不欲傷母意見則以情忍哀母異之曰是兒必能知孝養矣及長果如其言母卒居倚廬三年雖疾病不御酒食既葬有慈烏百數銜土集隴上人謂孝感後登天聖進士歷連衡二州司理參軍通判饒州其於昆弟尤篤友愛

失怙深懷戚　私心慮母哀

慈烏知孝意　銜土向墳培

築墳卻水　　宋史

杜誼字漢臣台州黃巖人事父母至孝繼喪父母號慟晝夜不絶勺水不入口者累日卜葬徒跣負土爲墳往來十餘里日渡塘澗泥水沒骭雖大雨雪未嘗少止手足皸裂血流以漆塗之旣葬遂茇舍墓旁明年吳越大水山皆發洚推巨石走十數里台州山最高而水又夜至傍山之民居廬墓田畜牧漂壞者甚衆而獨不及誼邑人狀其事以聞詔書嘉奬官至贊善大夫

築墓在山陬　山高洚水流
居民廬盡沒　杜誼竟無憂

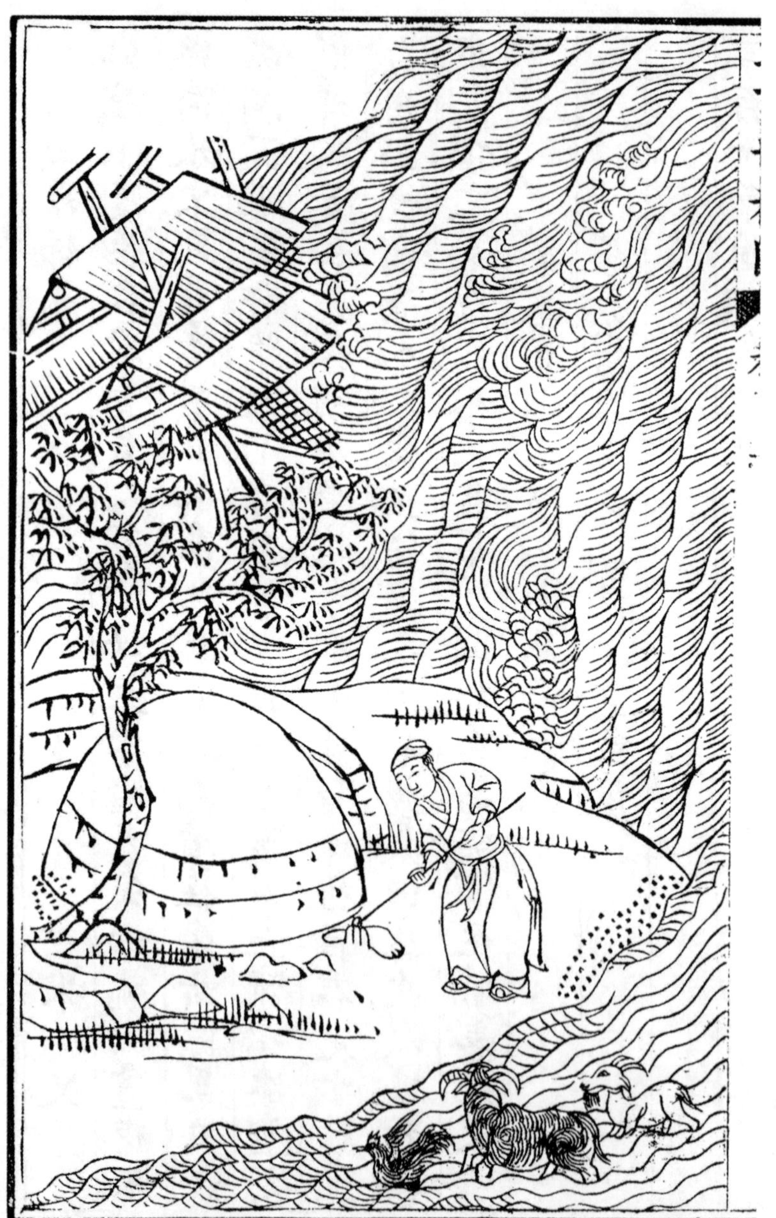

獺獻祭魚　元史

胡光遠太平人母喪廬墓一夕夢母欲食魚晨起號天將求魚以祭見生魚五尾列墓前俱有嚙痕鄰里驚異方共聚觀有獺出草中浮水去衆知是獺所獻以狀聞於官表其閭

兒能通母意　獺乃識兒心

數數銜魚至　淵泉感至忱

二百卌孝圖
卷

雨不沾地　　　　元史

王庸字伯常雄州歸信人事母李氏以孝聞母有疾庸夜禱北辰至叩頭出血母疾遂愈及母卒哀毀幾絶露處墓前日夕悲號一夕雷雨暴至鄰人持寢席往欲蔽之見庸所坐卧之地獨不霑溼歲嘆異而去復有蜜蜂數十房來止其家歲得蜜蠟以供祭祀

露處劇堪憐　　風雷大雨天
鄰人持席往　　獨不溼新阡

守墓卻兵　　元史

王克己延安中部人父没克己負土築墳廬於墓側時亂兵縱掠民皆逃竄克己獨守墓不去家人呼之避兵克己曰吾誓守墓三年以報吾親雖死不忍棄餓兵至見其身衰縗經形容憔悴曰此孝子也竟不忍害

四境烽煙起　奔竄莫能止
兵亂亦猶人　何容殺孝子

火耒焚廬　　明史

章溢字三益龍泉人性孝友嘗遊金華憲使禿堅不花禮之改官泰中要與俱行至虎林心動辭歸歸八日而父沒未葬火焚其廬溢搏顙籲天火至柩所而滅蘄黃寇犯龍泉集里民為義兵擊破賊俄府官以兵來欲盡誅詿誤者溢走說石抹宜孫曰貧民迫凍餒誅之何為宜孫然其言檄止兵留溢幕下從平訌寇論功累授浙東都元帥府僉事溢辭不受

改官將遠去　父病遂心忡
巨痛方深切　號天乞祝融

二百卅孝圖
卷

深山辟虎　明史

邱鐸字文振祥符人元末奉父母避兵賣藥供甘旨母卒哀慟幾絶葬鳴鳳山結廬墓側朝夕上食如生時當寒夜月黑悲風蕭瑟鐸輒繞墓號曰兒在斯兒在斯山深多虎聞鐸哭聲避去時稱真孝子

轉側避兵鋒　晨餐賣藥供
山深寒夜黑　猛虎絶無踪

守禮殯母

明史

襄莊王厚熲，獻王元孫也。事嫡母王太妃及生母潘太妃以孝聞。潘卒，殯之東偏。王太妃曰：「汝母有子，社稷是賴，無以我故避正寢。」厚熲泣曰：「臣不敢以非禮加臣母。」及葬，跣足扶櫬五十里。士大夫過襄者，皆為韋布交。

母恆由子貴　隆禮亦常情

特向東偏殯　春秋大義明

二百卅孝圖

報讐

女刃父讐　　列女傳

酒泉烈女龐娥親者表氏龐子夏之妻福祿趙君安之女也君安為同縣李壽所殺娥親有男弟三人同時病死壽聞大喜曰趙氏强壯已盡唯有女弱何足復憂娥親子淯出行聞壽此言還以啟娥親娥親愴然隕涕曰李壽汝莫喜也終不活汝戴履天地為吾門戶羞也焉知娥親不手刃殺汝而自徼倖邪名刀挾長持短志在殺壽壽為人凶豪聞娥親之言更乘馬帶刀鄉人皆畏憚之比鄰有徐氏婦慮勢不敵諫止之娥親曰父母之讐不同天地共日月者也李壽不死娥親視息世間活復

何求今雖三弟早死門户泯滅而娥親猶在豈可假手於
遂棄家事乘鹿車伺壽至都亭之前與壽相遇便下車扣壽馬
叱之壽驚懼迴馬欲走娥親奮刀斫之并傷其馬馬驚壽擠道
邊溝中娥親尋復就地斫之中樹折所持刃壽被創未死娥親
因前欲取壽所佩刀殺壽壽護刀瞋目大呼跳梁而起娥親乃
挺身奮手左抵其額右摏其喉反覆盤旋應手而倒遂拔其刀
以截壽頭持詣都亭歸罪有司會赦免

李壽凶豪也　娥親弱女耳
揮刀竟取頭　愧煞多男子

圖
報讎

掘地尋讐　漢

蘇不韋字公先扶風平陵人父謙初為郡督郵時魏郡李暠美陽令與中常侍具瑗交通貪暴為民患前後監司莫敢及謙至部案得其臧論輸左校謙累遷至金城太守去郡歸鄉里漢法免罷守令自非詔徵不得妄到京師而謙後私至洛陽時暠為司隸校尉收謙詰掠死獄中暠父因刑其尸以報昔怨不韋時年十八徵詣公車會謙見殺不韋載喪歸鄉里瘞而不葬仰天歎曰伍子胥獨何人哉乃藏母於武都山中盡以家財募劍客邀暠於諸陵間不克會暠遷大司農時右校芻廥在寺北垣下不韋與親從兄弟潛入廥中夜則鑿地晝則逃伏如此

經月遂得傍達暠之寢室出其牀下值暠在廁因殺其妾並及小兒留書而去暠大驚懼乃布棘於室以板籍地一夕九徙每出輒劍戟隨身壯士自衛不韋乃日夜飛馳徑到魏郡掘其父阜家斷取阜頭以祭父墳又標之於市曰李君遷父頭暠匿不敢言而自上退位歸鄉里捕求不韋歷歲不能得憤恚嘔血死不韋後遇赦還家始改葬行喪郭林宗論不韋之雪怨為優於伍員

散財求劍客　掘地更開墳

李阜頭標市　鞭尸薄伍員

發陵焚骨　　北史

王頒字景彦太原祁人梁太尉僧辯子也僧辯平侯景留頒荆州爲周師所陷頒因入關聞其父爲陳武帝所殺毀瘠骨立至服闋常布衣蔬食周明帝授漢中太守隋開皇中伐陳頒自請行爲韓擒虎先鋒夜濟力戰陳滅頒密召父時士卒對之涕泣壯士曰郎君破陳國讐恥已雪而悲哀不止者將爲霸先早死不得手刃之耶請發其邱壟乃夜發其陵焚骨取灰投水而之之自縛歸罪隋主不問

報父情何切　王頒力破陳
帝陵猶被發　可使懦夫振

殺虎報讐　　元史

石明三者與母居餘姚山中一日自外歸覔母不見見壁穿而卧内有三虎子知母為虎所害乃盡殺虎子礪巨斧立壁側伺母虎至斫其腦裂而死復往倚巖石旁候牡虎出并殺之明三亦立斃張目如生所執斧牢不可拔

山君每噬人　孰敢攖其怒

壯哉石明三　一朝刲五虎

二百卌孝圖卷四

肅州胡文炳虎臣輯　安康謝仁澍韻梧書

救患

没官贖罪　漢書

齊太倉令淳于意有罪當傳西之長安意少女緹縈傷之乃隨父西上書曰妾父為吏齊中皆稱其廉平今坐法當刑妾傷夫死者不可復生刑者不可復屬雖後欲改過自新其道無由妾願没入為官婢以贖父刑罪使得自新天子憐愍詔除肉刑

恨我非男子　猶能詣尉廷

没官求贖罪　天子特除刑

自刎救姑　　漢書

河南樂羊子之妻不知何氏之女也羊子嘗遠尋師學一年來歸妻問其故羊子曰久行懷思耳妻乃引刀趨機而言曰此機自一絲而累以至於寸累寸不已遂成丈匹今若斷斯織也則捐失成功夫子積學當日知其所亡以就懿德若中道而歸何異斷斯織乎羊子感其言復還終業後盜欲有犯妻者乃先劫其姑妻聞操刀而出盜曰釋汝刀從我者可全不從我者則殺汝姑妻舉刀刎頸而死盜亦不殺其姑

斷機勵我夫　操刀衛我姑

人生當有立　何用費踟躕

二百卌孝圖
卷

自縛代弟　　　　　　漢書

趙孝字長平沛國蘄人也父普王莽時為田禾將軍任孝為郎每告歸常白衣步擔及天下亂人相食孝弟禮為餓賊所得孝聞之即自縛詣賊曰禮久餓羸瘦不如孝肥飽賊大驚並放之謂曰可且歸更持米糒來孝求不能得復往報賊願就烹衆異之遂不害

世亂人相食　弟偏逢餓賊

趙孝自陳肥　羣兇呑不得

二百卌孝圖
卷四

拔劍拒劫

漢書

朱暉字文季南陽宛人也家世衣冠暉早孤有氣決時天下飢亂暉年十三與家屬奔宛城道遇羣賊白刃劫諸婦女略奪衣物昆弟賓客皆惶迫伏地莫敢動暉拔劍前曰財物皆可取耳諸母衣不可得今日朱暉死日也賊見其小壯其志笑曰童子內刀遂捨去

遇劫衆皆撓　朱暉氣獨豪

大言諸母在　羣賊敢汚刀

請代兄烹　　漢書

淯于恭字孟孫北海淯于人也善説老子不慕榮名家有山田或有偷刈其禾者恭念其愧因伏草中盜去乃起里落化之時歲飢兵起恭兄崇將為盜所烹恭請代得與俱免後崇卒恭養孤幼教諭學問有不如法輒反用杖自箠以感悟之兒慙而改過恭幽居養志州郡連召不應建武中舉孝廉亦不起至肅宗時徵拜侍中卒官

賊忽得吾兄　奔來自請烹
相將俱免禍　撫姪杖堪驚

二百卅孝圖

伏門號泣　　漢書

樂恢字伯奇京兆長陵人也父親為縣吏得罪於令收將殺之恢年十一常俯伏寺門晝夜號泣令聞而矜之即解出親恢長好經學事博士焦永永為河東太守恢隨之官閉廬精誦不交人物後永以事被考諸弟子皆以通關被繫恢獨皦然不污於法遂篤志為名儒

父緣何大罪　晝夜伏門號
閉廬精講誦　惟有樂恢高

結客救父　　　　魏志

臧霸字宣高泰山華人也父戒為縣獄掾據法不聽太守欲所私殺太守大怒令收戒詣府時送者百餘人霸年十八將客數十人徑於費西山中要奪之送者莫敢動因與父俱亡命東海由是以勇壯聞黃巾起霸從陶謙擊破之拜騎都尉

據法誠何罪　翻遭太守瞋
西山邀奪去　理直氣尤伸

追賊救母

魏略

鮑出字文才京兆新豐人少游俠三輔飢亂出留母守舍與兄弟五人相將行採蓬實合得數升使其二兄初雅及其弟成持歸為母作食獨與小弟在後採蓬初等到家而賊已略其母以繩貫其手掌驅去須臾出到欲追賊兄弟皆云賊衆當如何出怒曰有母而使賊將去煑噉用活何為乃獨追及賊賊望見出乃共布列待之出到斫殺賊四五人賊走復合聚圍出出跳越圍斫之又殺十餘人賊問出卿欲何得出指其母以示之賊乃解還出母比舍嫗獨不解遥望出求哀出復斫賊賊曰已還卿母何為不止出又指求哀嫗此我嫂也賊復解還之出得母還

遂相扶侍客南陽建安五年關中始開出來北歸而其母不能步行凡弟欲共輿之出以輿車歷山險危不如負之安穩乃以籠盛其母獨自負之到鄉里鄉里士大夫嘉其孝烈欲薦州郡郡辟召出出曰田民不堪冠帶至青龍中母年百餘歲乃終出時年七十餘行喪如禮

力戰追還母　歸來仍獨負

朝廷得此人　早已殲羣醜

追賊救母

負母還鄉

以子易姪　　　　　　　　　　　　　　魏志

張範字公儀河内修武人太尉延之子也性淡靜忽於榮利徵命不就太祖平冀州遣使迎範範以疾留彭城遣弟承詣太祖表為諫議大夫會範子陵及弟承子戩為山東賊所得範直詣賊請二子賊以陵還範範謝曰諸君相還兒厚矣夫人情雖愛其子然吾憐戩之小請以陵易之賊義其言悉以還範

子姪被拘攣　追來請曲全

還陵情甚厚　戩小我尤憐

父困赴援　　晉書

李釗字世康廣漢郪人也父毅字允剛歷甯州刺史釗世秉儒學為尚書外兵郎至光熙三年毅為叛夷所攻疾病困於窮城上表請援釗聞父阸表求赴難馳至牂柯夷復斷道停住交州以甯州城中無穀父疾病未知吉凶遂不食穀惟茹草首尾三年得至甯州父已喪文武復偪釗領州府事懷帝乃除釗平寇將軍領安夷護軍西夷校尉大得衆心及王遜為甯州刺史表釗為朱提太守

窮城父懊惱　兒久傷懷抱
遥聞穀食艱　失志惟茹草

兄弟相代　　宋書

孫棘彭城人也弟薩從軍坐違期不至依制軍法人身付獄棘乞以身代弟薩又陳犯法實是薩身自應依法受戮兄弟少孤薩三歲失父一生恃賴唯在長兄兄雖可垂愍有何心處世太守張岱疑其不實以棘薩各置一處語棘云已為諮詳聽其相代棘顔色甚悦又語薩薩亦欣然岱依事表上詔曰棘薩甿隸節行可甄特原罪

愛弟推孫棘　　而薩更憐兄

諮詳俱甚悦　　相代果真情

護父受傷　　宋書

潘綜吳興烏程人也孫恩破烏程綜與父驃共走避賊驃年老困乏坐地綜迎賊叩頭曰父年老乞賜生命賊至驃亦請賊曰兒年少自能走今為老子不去老子不惜死乞活此兒賊因斫驃綜抱父於腹下賊斫綜頭面凡四創有一賊從傍來曰卿欲舉大事此兒以死救父云何可殺殺孝子不祥賊乃止父子並得免太守王韶之臨郡察孝廉奏改其里為純孝里蠲租布三世

父子避兵荒　年高困且僵

兒身承四刃　賊亦懼非祥

救父並死

南齊書

陸絳字魏卿吳人父閑仕為揚州別駕明帝殂閑謂人曰主上地重才弱難將作矣遂感心疾不復預州事會始安王遙光據東府作亂或勸陸閑去之閑曰吾為人吏何可逃死臺軍攻陷城閑以綱佐被收至杜姥宅徐孝嗣啟閑不預逆謀未及報徐世檦命殺之絳隨閑抱頸求代死不獲遂以身蔽刃刃行刑者俱害之

我父非為亂　何容妄被收

悲哉身被刃　千古恨悠悠

二百卅孝圖
卷四

代父得宥　梁書

吉翂字彥霄馮翊蓮勺人父為原鄉令為姦吏所誣罪當死翂年十五撾登聞鼓乞代父命武帝以其幼疑人教之使廷尉卿蔡法度訊之翂曰囚雖愚幼豈不知死之可憚顧不忍見父極刑故求代之柰何受人教邪法度更和顏誘之終無異辭上乃宥其父罪丹陽尹王志欲舉翂純孝翂曰異哉王尹何量翂之淺夫父辱子死斯道固然若翂當此舉則是因父買名一何甚辱拒之而止

上擊登聞鼓　哀求代我父

豈待受人教　天恩特温煦

突火救父　　北史

宇文延字慶壽其先南單于之遠屬也父福為瀛州刺史忠清嚴毅甚得聲譽延位散騎侍郎以父老詔聽隨侍在瀛州屬大乘妖黨突入州城延率奴客戰死者數人身被重創賊乃小退而縱火燒齋閤福時在內延突火而入抱福出外支體灼爛復勒衆苦戰賊乃散走

殺賊氣方遒　妖人火亂投

挺身衝烈燄　抱父致焦頭

二百卌孝圖 卷四

冒刃衛姑

唐書

鄭義宗妻盧氏事舅姑恭順夜有盜持兵劫其家人皆匿竄惟姑不能去盧冒刃立姑側為賊捽捶幾死賊去人問何為不懼答曰人所以異鳥獸者以知仁義也今鄰有急難尚相赴況姑可委棄邪若百有一危我不得獨生姑曰歲寒然後知松柏吾乃今見婦之心

劫盜來凶迫　家人咸絶迹

冒刃立姑前　歲寒知松柏

投江救母

唐書

沈季詮字子平洪州豫章人少孤事母孝未嘗與人爭皆以爲怯季詮曰吾怯乎爲人子者可遺憂於親哉後侍母渡江遇暴風母溺死季詮號呼投江中少選持母臂浮出水上都督謝叔方具禮祭而葬之

奉母渡江行　中流惡浪驚

洪濤持臂出　雖死氣猶生

七歲代父　唐書

李安期定州安平人宗正卿百藥子也七歲時百藥為隋煬帝所貶赴桂州遇盜將加以刃安期跪泣請代盜哀而釋之貞觀中為主客員外郎高宗即位遷中書舍人

七歲遠從行　長途遇盜驚
兵將加父頸　兒敢惜微生

飲鴆代父

唐書

賈直言河朔舊族也史失其地父道沖以藝待詔坐事賜鴆將死直言紿其父曰當謝四方神祇伺使者少怠輒取鴆代飲迷而踣明日毒潰足而出夕乃蘇帝憐之減父死俱流嶺南直言由是躄

賜死雖由帝　求生必藉神
父當申拜謝　鴆味美於醽

毆屍代父　　宋史

沈正泰州海陵人父為屯田院衙官凶暴無賴使酒毆平人死正中塗見父恐慴述其故正即號呼褫衣就毆其屍巡警者捕送官獄具怡然就死聞者悲之

父毆平人死　行來恐慴增

就屍惟待捕　酗酒可無懲

力挽兇刀　　宋史

朱娥者越州上虞朱回女也母早亡養於祖媪娥十歲里中朱顏與媪競持刀欲殺媪一家驚潰獨娥號呼突前擁蔽其媪手挽顏衣以身下墜顏刀曰甯殺我毋殺媪也媪以娥蔽得脫娥連被數十刀猶手挽顏衣不釋顏忿恚斷其喉以死事聞賜其家粟帛其後會稽令董偕為娥立像於曹娥廟歲時配享焉

舉室潰紛綸　兇徒妄殺人

朱娥憐祖媪　力挽遂忘身

斫虎救父　　宋史

彭列女生洪州分甯農家從父泰入山伐薪父遇虎將不脫女拔刀斫虎奪其父而還事聞詔賜粟帛敕州縣歲時存問

女非不畏虎　惟知救吾父
揮刀竟奪還　男兒何足數

節孝並完　　宋史

詹氏女蕪湖人年十七淮寇號一窠蜂倏破縣女歎曰父子無俱生理我計決矣頃之賊至欲殺其父兄女趨而前拜曰妾雖窶陋願執巾帚以事將軍贖父兄命不然父子併命無益也賊釋父兄縛女遂隨賊行數里過市東橋躍身入水死賊相顧駭歎而去

遭亂父兄顛　陳詞請曲全
匆匆隨賊去　轉瞬躍深淵

五歲代父　　金史

郭狗狗平陽翼城人父甯為欽察先鋒使首領官戍太良平宋將史太尉攻陷太良平甯全家被俘史將殺甯狗狗年五歲告史曰勿殺我父當殺我史驚問甯曰是兒幾歲邪甯曰五歲史曰五歲兒能為是言吾當全汝家即以騎送甯等往合州道遇蒙古兵騎驚散甯家俱得還

子能求代父　誠為世所希
更憐方五歲　忍不使全歸

二百卌孝圖
卷四

遇盜代兄

元史

趙炳字彥明惠州灤陽人父宏有勇畧蒙古開國時為征行兵馬都元帥炳幼失怙恃鞠於從兄歲饑往平州就食遇盜欲殺之兄解衣就縛炳年十二泣請代兄盜驚異舍之而去甫弱冠以勳閥之子侍世祖於潛邸恪勤不怠遂蒙眷遇累判北京宣撫事

趙炳鞠於兄　兄亡弟豈生
髫年能請代　雖盜亦相驚

火中救父　　元史

王閏東平須城人父素多貲既老盡廢之不甘淡薄每食必需魚肉閏朝夕勤苦入市營奉無闕父性復乖戾閏左右承順甚得歡心鄉里稱焉父嘗卧疾夜然長明燈室中火延籬壁閏聞火聲驚起馳救火已熾烟燄蔽寢戶閏突入火中解衣蒙父抱而出肌體灼爛而父無少傷一女不能救遂焚死

竭力營甘脆　晨昏幸得歡

忽驚烟燄熾　遑恤體膚殫

賊戈挫鈍　　元史

張紹祖字子讓潁州人讀書力學以孝行聞於朝授河南路儒學教授至正中奉父避兵山間賊執其父將殺之紹祖泣曰吾父耆德善人不當害請殺我以代父死且若等非父母所生乎何忍害人父也賊怒以戈擊之戈應手挫鈍因感而相謂曰此真孝子不可害乃釋之

奉父避深山　斯須賊復環
致詞堅請代　戈鈍讋奸頑

投溪援父　　元史

徐鈺鎮江人侍父鎮將之婺源過丹陽小谿鎮乘橋失足墮水中同行者立岸上不能救鈺投谿擁鎮出鎮得挽行舟以升鈺力憊且水勢湍急遂溺死

隨侍走溪橋　無端失足跳
投身推父上　力竭有魂招

含唾呴母　　元史

賴祿孫汀州甯化人蔡九五之亂祿孫負其母挈其妻子隨衆入山避之盜至衆散走祿孫守母不去盜將刃其母祿孫以身翼蔽曰甯殺我無傷吾母時母病渴覓水不得祿孫含唾呴之盜相顧駭歎不忍害反取水與之有掠其妻去者衆責之曰奈何辱孝子婦使歸之

有刃將身護　無漿含唾呴

賊駭且歸妻　孝弟真宜務

力救父母　　元史

孫抑字希武世居洪洞縣登進士第歷任刑部郎中至正末陜西兵亂抑奉父母避兵平陽之柏村有遊兵至村剽掠抑亟以身蔽母請代受斫母乃得釋而父已被驅而東或曰東軍得所掠民皆殺之汝慎無往抑曰吾可畏死而棄父乎奮身以往出入死地夜行晝匿者數十日竟負父以歸

避亂走荒村　母安父又奔
潛行終得濟　畏死便難存

抱弟棄兒

元史

劉廷讓大寧武平人至順初上都兵起民被殺掠廷讓挈家走避山谷有幼弟方乳母納之懷中兵至廷讓乃棄己子一手抱幼弟一手扶母疾驅得免及歸途視己子亦幸無恙

兒為兒所愛　弟為母所憐
不能兼所愛　棄子子仍全

護姑死守

元史

吳良正義烏儒家女未笄歸里中童師姑嗜醽醪家固貧必力致之沽醉乃已紅巾賊至家人悉鼠竄吳獨侍側人呼曰汝不愛頭乎吳曰姑在將安之居無何姑沒瀕葬會邑兵搆變殺人奪貨財人勸如前言吳曰姑骸未入土妾就刃一死不悔撫棺長慟兵義而釋之去

姑存保其身　姑沒護其柩

甘心刃下亡　亂兵何敢狃

子孝妻烈　　明史

徐允讓浙江山陰人元末賊起奉父安走避山谷間遇賊欲斫安頸允讓大呼曰甯殺我勿殺我父賊遂舍安殺允讓將辱其妻潘潘紿曰吾夫已死從汝必矣若能焚吾夫則無憾也賊許之潘聚薪焚夫投烈焰中死賊驚歎去安獲全洪武十六年夫婦並旌

子真代父死　妻詐願夫焚

孝烈成雙美　徐潘姓氏芬

護母被傷　　明史

曾鼎字元友泰和人元末奉母避賊母被執鼎跪泣請代賊怒將殺母鼎號呼以身翼蔽傷頂肩及足控母不舍賊魁繼至憫之攜其母子入營療治獲愈行省聞其賢辟為濂溪書院山長鼎好學能詩兼工八分及邵子數學

母已被拘攣　兒身敢自全
受傷終不舍　賊悟轉相延

代祖全姑

明史

錢瑛字可大吉水人奉祖本和及母避難歷五六年遇賊縛本和瑛奔救并縛之本和哀告貰其孫瑛泣請代不已賊憐而兩釋之時瑛母亦被執瑛妻張從伏莽中窺見即趨出謂賊曰姑老矣請縛我賊從之既就縛擲袖中縘與姑訣曰婦無用此矣且行且睨姑稍遠即罵賊不肯行賊捽之急罵益厲賊怒攢刃刺殺之

孫兒求代祖　子婦請全姑

行行旋罵賊　孝烈震洪都

父忠子孝

明史

王綱字性常餘姚人有文武才善劉基以基薦徵至年七十容如少壯帝異之擢兵部郎潮民弗靖除廣東參議督兵餉嘆曰吾命盡此矣以書訣家人攜子彥達行單舸往諭潮民叩首服罪還抵增城遇海寇曹真截舟羅拜願得為帥綱諭以禍福不從則奮罵賊舁之去為壇坐綱日拜請綱罵不絕聲遂遇害彥達年十六罵賊求死欲並殺之其酋曰父忠子孝殺之不祥令綴羊革裹父屍而出

七旬來受職　千里往宜民
安能為賊帥　馬革裹屍淪

泗河救父

明史

胡剛浙江新昌人父謫役泗上以逃亡當死敕駙馬都尉梅殷監刑剛時方走省立河上竢渡聞之即解衣泅水而往哀號乞代殷憫之奏聞詔宥其父并宥同罪者八十二人

父以逃亡坐　兒因省視奔
泗河哀請代　濟濟拜君恩

甘卧釘板　　明史

孝女諸娥山陰人父士吉為糧長有黠而逋賦者誣士吉於官論死二子炳煥亦罹罪娥方八歲晝夜號哭與舅陶山長走京師訴冤時有令訴冤者非卧釘板勿與勘問娥輾轉其上幾斃事乃聞勘之僅戍一兄而娥重傷卒里人哀之肖像配曹娥廟

父兄俱獲罪　惟有女兒身
八歲甘釘板　洵堪薦藻蘋

代父甚喜

明史

周琬江甯人父為滁州牧坐罪論死琬年十六叩閽請代帝疑受人教命斬之琬色不變帝異之命宥父死謫戍邊琬復請曰戍與斬均死爾父死子安用生為願就死以贖父戍帝復怒命縛赴市曹琬色甚喜帝察其誠即赦之親題御屏曰孝子周琬尋授兵科給事中

有子當何事　惟期父體安

戍邊無限苦　求死諒非謾

尋訪

隨衣投江　　漢書參列女傳

曹娥者會稽上虞人也父盱能絃歌為巫祝漢安二年五月五日於縣江泝濤迎婆娑神溺死不得屍骸娥年十四乃投衣於水祝曰父屍所在衣當沈沿江號哭晝夜不絕聲旬有七日衣隨流至一處而沈娥遂投江而死數日抱父尸出縣令度尚憐而葬之邯鄲子為之作記

不畏風濤壯　曹娥父竟淪
哀號江畔沒　此志比靈均

投湍覓父　　漢書

孝女叔先雄者犍為人也父泥和永建初為縣功曹縣長遣泥和奉檄謁巴郡太守乘船墮湍水物故尸喪不歸雄感念怨痛常有自沈之計所生男女二人並數歲雄乃各作囊盛珠環以繫兒數為訣別之辭家人每防閑之經百許日後稍懈雄因乘小船於父墮處慟哭遂自投水死弟賢其夕夢雄告之卻後六日當共父同出至期伺之果與父相持浮於江上

決意求吾父　傷心別我兒
投湍尋見夢　六日果相持

二百卌孝圖
卷四

浮海尋親

晉陽秋

李敏遼東襄平人仕漢爲河内太守去官還鄉里遼東太守公孫度欲彊用之敏乘輕舟浮滄海莫知所終其子信追求積年浮海出塞竟無所見欲行喪制服則疑父尚存情若居喪而不聘娶後有鄰居故人與其父同年者亡因行喪制服燕國徐邈與信同州里以不孝莫大於無後勸使娶妻信既生胤遂絶房室恆如居喪禮不堪其憂數年而卒

避世浮滄海　追求已積年

終身無限恨　渺渺變桑田

瀝血覓骸　宋書

孫法宗吳興人也父隨孫恩入海澨被害屍骸不收母兄並餓死法宗年小流迸至十六方得還單身勤苦霜行草宿營辦棺槨葬送母兄儉而有禮以父屍不測入海尋求聞世間論是至親以血瀝骨當悉凟浸乃操刀沿海見枯骸則刻肉灌血如此十餘年臂脛無完皮血脈枯竭終不能逢遂衰絰終身常居墓所山禽野獸皆悉馴附每麏鹿觸網必解放之償以錢物

母兄雖已葬　父骨不能收
血瀝枯骸徧　終身恨未休

荒村得母　　宋書

庾道愍潁川鄢陵人晉司空冰之元孫也有孝行能屬文少出孤悴時人莫知其所生母流漂交州道愍尚在襁褓及長知之求為廣州綏甯府佐至南而去交州尚遠乃自負擔冒險僅得自達及至交州尋求母日夜悲泣嘗入村日暮雨驟乃寄止一家有一嫗負薪外還而道愍心動因訪之乃其母也奉以歸道愍後仕齊為射聲校尉

襁褓離生母　交州隔外藩
天憐奔走苦　驟雨逼荒村

二百卌孝圖
卷

待父冠婚

宋書

華寶晉陵無錫人也父豪晉義熙末戍長安寶年八歲臨別謂寶曰須我還當為汝上頭長安陷虜豪歿寶年至七十不婚冠或問之者輒號慟彌日不忍答也

父去一言留　歸來好上頭

七旬猶孺子　華寶足千秋

二百卅孝圖
卷四

取財贖母　　宋書

劉善明平原人為海陵太守課民種榆檟雜果遂獲其利魏克青州善明母在焉移置代郡善明布衣蔬食哀慼如持喪善明質素不好聲色所居茅齋斧木而已少立節行嘗云在家當孝為吏當清子孫楷栻足矣及累為州郡頗黷財賄崔祖思怪而問之善明流涕曰方寸亂矣豈暇為廉所得金錢皆以贖母及母至清節方峻

本自持清操　無端母被俘

得財方可贖　峻節諒難誣

震出父尸　　唐書

饒娥字瓊真饒州樂平人生小家勤織維頗自修整父勤漁於江遇風濤舟覆屍不出娥年十四哭水上不食三日死俄大震電水蟲多死父屍浮出鄉人異之歸賵具禮葬父及娥鄱水之陰縣令魏仲光碣其墓建中初黜陟使鄭叔則表旌其閭河東柳宗元為立碑云

洪濤乍覆舟　弱女哭啾啾

孝烈風雷震　江神敢逗遛

伏壘請尸

唐書

楊牢字松年河南人幼有至行父茂卿從事田宏正府趙軍反被害長子蜀懼死不敢往求父尸牢自洛陽走常山二千里號伏賊壘委髮羸骸為可憐狀賊意感憫以尸還之冬月衰衣往來太行間凍膚皸瘃銜哀泣血行路為之感慟李甘以書薦於河南尹稱為孝童牢後登進士至顯官

徒步赴常山　叛壘乞尸還
太行冰雪積　童子不知艱

隨草覓棺

元史

河溢金鄉魚臺墳墓多壞史彥斌母卒慮有後患乃為厚棺刻銘曰邳州沙河店史彥斌母柩仍以四鐵環釘其上然後葬明年墓果為水所漂彥斌縛草為人置水中祝曰母棺被水不知其處願天矜憐假此芻靈指示母棺乃乘舟隨草人所之經十餘日行三百餘里草人止桑林中視之母柩在焉載歸復葬之

河溢水多漫　漂流失母棺

芻靈靈可借　宛轉遶回瀾

髮繫馬鞍

元史

趙應祥廬陵人年十四其父行賈不還從父從北來知父已死即辭母往求聞都下有曾老者與父善走數千里詢之知父殯於濱州而墓冢纍纍不可辨應祥行哭七日解髮繫馬鞍祝曰隨馬所之過吾父墳者當髮解鞍墮既經一墳髮解鞍墮發之棺上具有父姓名遂脫己衣裹其骨負之以歸

父已沒濱州　荒墳纍纍稠
繫鞍隨馬走　髮解故棺浮

從父遠戍　　　元史

陳韶孫廣州番禺人父劉以罪流肇州韶孫年十歲不忍父遠謫朝夕號泣願從父不能奪遂與俱往跋涉萬里道過遼陽平章塔出見而憫焉語之曰邊地苦寒非汝所堪吾返汝故鄉汝願之乎韶孫曰既不能以身代父當死生以之歸非所願也塔出驚異以錢賞之

十歲孩童子　閒關萬里從

平章驚至性　特與壯行蹤

臥冰自誓　　元史

張義婦濟南鄒平人歸里人李伍伍與從子零戍福甯州死戍所張獨家居養舅姑甚至及死喪葬無遺禮旣而嘆曰妾夫死於外妾不能歸骨者以舅姑故也今不幸俱喪而夫骨棄遠土敢愛死乎乃卧積冰上誓曰天若許我歸夫骨雖寒當不死踰月竟無恙鄉人異之相率贈錢以行至福甯見零問夫葬地則荆莽四塞不可識張哀哭欲絕夫忽降於童指示骨所在處張如其言發得之官使零護喪還

舅姑兆域安　夫骨猶暴外

臥冰誓告天　竟得歸遺蛻

外國歸養

明史

魏祥字景德永平人父亮為金山衛百戶祥年十四被倭掠國王召侍左右遂仕其國有妻子然心未嘗忘中國也宣德中與使臣偕來上疏乞賜歸侍養天子方懷柔遠人不從其請但許給驛暫歸仍還本國祥抵家獨其母在不能識曰果吾兒則耳陰有赤痣驗之信抱持痛哭别去至日本啟以帝意國王仍令入貢祥乃復申前請詔許襲職歸養母子相失二十年又有華夷之限竟得遂其初志

早歲逢倭掠　妻兒富貴溫

猶能歸奉母　而況在中原

二百卌孝圖
卷

三赴雲南　　　　明史

劉謹浙江山陰人父坐法戍雲南謹方六歲問家人雲南何在家人以西南指之輒朝夕向之拜年十四矍然曰雲南雖萬里天下豈有無父之子哉奮身而往閱六月抵其地遇父於逆旅相持號慟俄父患瘋痺謹告官乞以身代法令戍邊者必年十六以上嫡長男始許代時謹未成丁伯兄先死乃歸家攜兄子往兄子亦弱未能自立復歸悉鬻其產畀兄子始獲奉其父還孝養終身

髫年行萬里　六月抵雲南
勞勞三往返　歸來奉脃甘

二百卅孝圖
卷

拖鞍求墓

明史

高氏女武邑人適諸生陳和和早卒高奉翁姑甚孝及翁姑並歿氏以禮殯葬泣謂子剛曰我父客河南虞城父死旅葬城北母以棗木小車輞識之比還家母亦死弟懦不能自振吾三十年不敢言者以汝王母在堂當朝夕侍養也今大事已畢欲舁吾父遺骸歸合葬剛隨母抵葬所塚纍纍不能辨氏以髮繫馬鞍逆行至一小塚鞍重不能前即開其塚所識車輞宛然遠近觀者咸驚異助之歸

公姑雖並厝　父母未得安
卅年終養後　大事兩能完

山寺遇父

明史

王原文安人正德中父珣以家貧役重逃去原稍長問父所在母告以故原大悲慟既娶婦月餘跪告母曰幸有婦陪母母無以兒為念兒不得父不歸也號泣辭母去遍歷山東者數年一日渡海至田橫島假寐神祠中夢至一寺當午炊莎和肉羹食之一老父至驚覺原告之夢請占之老父曰午者正南位也莎根附子肉和之附子膾也求諸南方父子其會乎原喜謝去而南踰洺漳至輝縣帶山有寺曰夢覺原心動天雨雪寒甚臥寺門外及曙一僧啟門問何人曰文安人尋父而來引入禪堂憐而予之粥珣方執爨竈下僧素知為文安人謂之曰若同里有

少年來尋父者若倘識其人珣出見原皆不相識問其父姓名則王珣也珣亦呼原乳名相抱持慟哭寺僧莫不為感動珣曰歸告汝母我無顏復歸故鄉矣原曰父不歸兒有死耳牽衣哭不止寺僧力勸之父子相持歸

避役父逃亡　兒聞痛自傷

感通神示夢　相會在南方

山寺遇父
救患
五八

半錢尋母

半錢尋母

明史

楊成章道州人父泰為浙江長亭巡檢妻何氏無出妾丁氏生成章甫四歲泰卒何將扶櫬歸丁氏父予之子而奪其母乃剪銀錢與何別約各藏其半俟成章長授之何臨歿授成章半錢告之故成章嗚咽受命既冠娶婦月餘即執半錢之浙中尋母母先已適東陽郭氏生子曰珉而成章不知也徧訪之無所遇而還東陽典史李紹裔以事宿珉家珉母知為道州人遣珉問成章存否知成章已為諸生乃令珉執半錢覓其兄會有會稽人官訓導者嘗設教東陽為珉師與成章述珉母憶子狀成章復往尋母遇珉於江西舟次兄弟悲且喜各出半錢合之益信

遂俱至東陽母子始相聚自是成章三往迎不獲遂棄月廩赴東陽侍養母歿後成章以歲貢入都珉亦以事至京乃述成章尋親事上之詔授成章國子學錄賜珉花紅羊酒

嫡妾分錢去　凡弟執錢來

錢合天親合　皇家典禮培

萬里尋兄　　明史

黃璽字廷璽餘姚人兄伯震商十年不歸璽出求之經行萬里不得踪跡最後至衡州禱南嶽廟夢神人授以纏綿盜賊際狼狽江漢行二句一書生告之曰此杜甫春陵行詩也春陵今道州曷往尋之璽從其言既至無所遇一日入廁置傘道旁伯震適過之曰此吾鄉之傘循其柄而觀見有餘姚黃廷璽記六字方疑駭璽出問訊則其兄也遂奉以歸

求兄萬里行　至意感神明

此去春陵近　相攜返舊閭

ISBN 978-7-5010-7471-6
9 787501 074716 >
定價：180.00圓